成人的秋冬经典款式

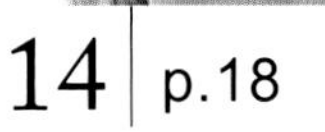

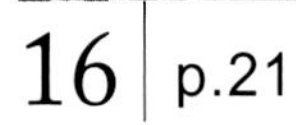

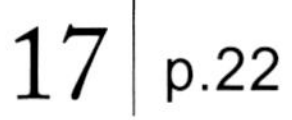

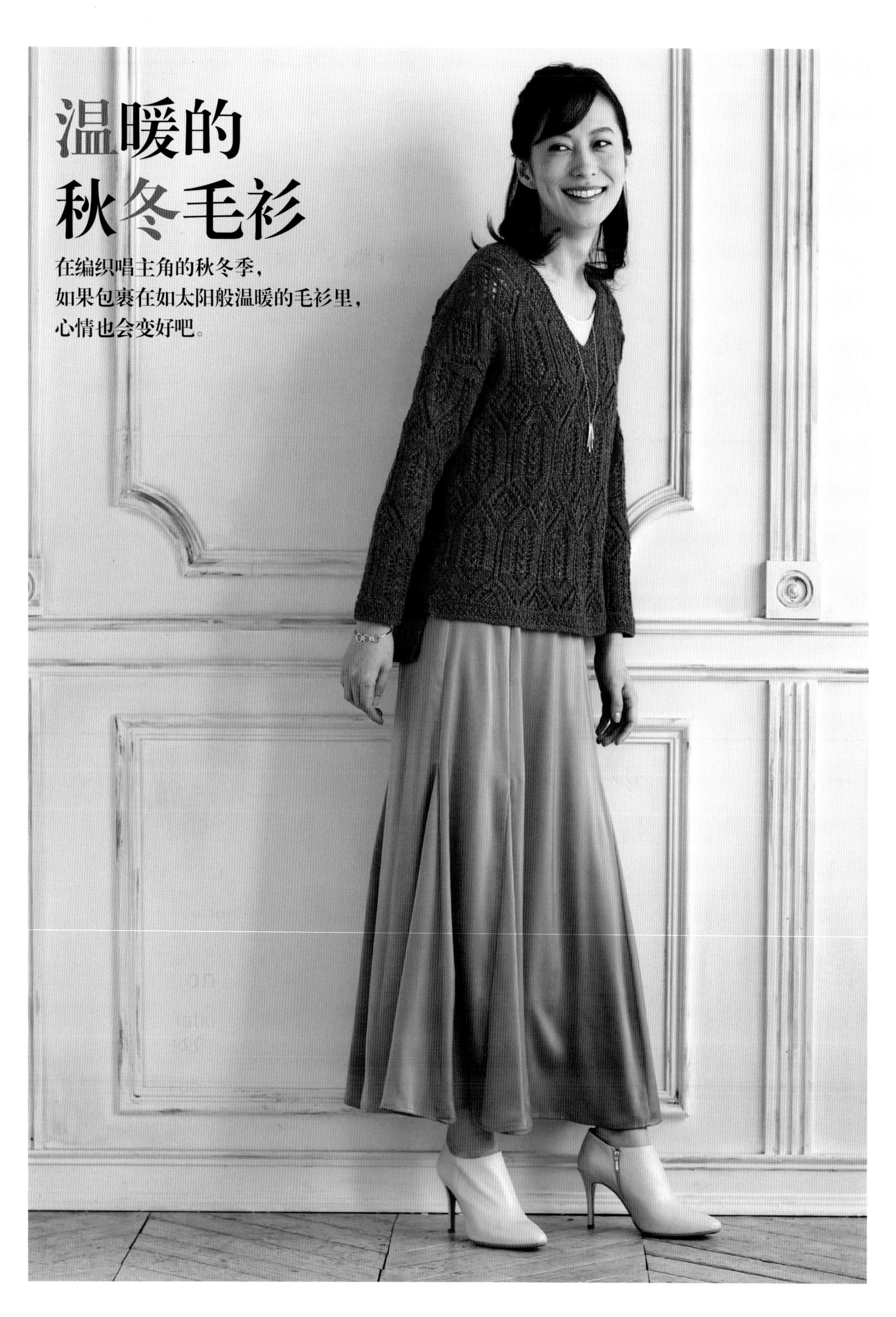

温暖的
秋冬毛衫

在编织唱主角的秋冬季，
如果包裹在如太阳般温暖的毛衫里，
心情也会变好吧。

套头衫

菱形花样和龟甲花样是非常有存在感的几何花样。大小适中的V领，给人清爽利落的感觉。

设计：岸 睦子
制作：足立聪子
使用线材：Ski Lana Melange
● 编织方法：p.36

1

套头衫

整体钩织有立体感的花朵花片，
成熟中带着几分甜美的感觉。
羊毛线中混合色彩自然的麻线，
增加了毛线的重量感。

设计：矢野康子
制作：长谷川千代子
使用线材：Ski风花
● 编织方法：p.40

2

开衫

用色彩美丽的毛线，
编织简单的开衫。
用段染线编织，
仿佛盛开了一朵朵美丽的花儿，
带来几分可爱的感觉。

设计：河合真弓
制作：关谷幸子
使用线材：Ski Trueno
● 编织方法：p.33

3

套头衫

小巧的网眼花样排列在一起，
给这件圆育克套头衫增加了
几分柔美的气息。
真丝羊毛材质的毛线，
手感细腻，非常亲肤。

设计：镰田惠美子
制作：有我贞子
使用线材：Ski Merino Silk
● 编织方法：p.44

4

5

套头衫

段染线编织的条纹花样
和有韵律的锯齿状花样
形成绝妙的对比。
较为宽松的款式，
穿着的时候方便活动。

设计：小泉香织
制作：酒井 理惠
使用线材：Ski Trueno
● 编织方法：p.55

开衫

用3色段染圈圈线
钩织富有立体感的编织花样，
完成这款魅力开衫。
立领设计和棒形纽扣，
让这款开衫充满个性。

设计：原田千惠子
使用线材：Ski Le Bois
● 编织方法：p.46

6

套头衫

不断线，
使用钩针连续钩织正方形花片，
完成这款多米诺编织的背心。
色彩丰富的段染线，
使这款套头衫充满悦动感。

设计：Ski毛线企划室
使用线材：Ski Le Bois
● 编织方法：p.50

7

8

开衫

身片和衣袖均无须加减针，
钩织四边形花片。
像小花一样的编织花样惹人怜爱，
编织终点很像特意钩织的边缘编织。
上下颠倒后，
穿在身上会别有一番风情。

设计：Fukiko
使用线材：Ski Allegro
● 编织方法：p.61

四季皆宜的
人气叠穿针织衫

马甲和背心在服装搭配中扮演着重要的角色，
经常叠穿在其他衣服外面，
穿着频率很高。
编织一件四季皆宜的万能叠穿针织衫吧。

9

背心

两种细密的网眼花样
组成的中长款背心，
腰间用抽绳系住更显瘦。

设计：原田千惠子
使用线材：Ski风花
● 编织方法：p.65

背心

方形领给人清爽的感觉，
身片上整齐排列的钻石花样，
和刚好合身的尺寸，
给人整洁、利落的印象。

设计：今井泰子
使用线材：Ski Tasmanian Polwarth
● 编织方法：p.52

10

背心

简单的方形织片，
悠然自得的镂空花样，
给这款背心
营造出一种美好的氛围。

设计：Sachiyo*Fukiko
使用线材：Ski Luno
● 编织方法：p.58

11

套头衫

华丽优美的V形编织花样，
把人衬托得更加优雅。
毛线自身内敛的光泽，
在柔美色调的衬托下，
给人一种高级感。

设计：田村佳苗
使用线材：Ski Luno
● 编织方法：p.68

12

13

套头衫

使用色调柔和的优质毛线，
编织线条分明的菱形花样
套头衫，
演绎出成年人的自然风情。
注意在编织时，
需要从中心向两胁做方眼
编织。

设计：岸 睦子
制作：加藤明子
使用线材：Ski Merino Silk
● 编织方法：p.70

14

背心

用钩针编织表现
受人关注的麻叶花样。
在两侧系绳，
更具有现代感，
很适合现在的流行趋势。

设计：角田奈津子
使用线材：Ski Fraulein
● 编织方法：p.74

15

背心

使用3种秋季代表色，
改变纵横方向，
用钩针编织背心。
穿上它，
非常普通的日常装束
也变得具有民族风情了。

设计：伊藤由香里
使用线材：Ski风花
● 编织方法：p.87

成人的秋冬经典款式

经典款不受流行趋势左右，
无论男女都可以长期穿着。
可以根据当下的心情，
将传统的毛衫搭配得富有新意。

开衫

阿兰花样是非常有存在感的
优美的立体花样，
是冬季毛衣的主角。
深V领的设计和前短后长的下摆，
恰到好处地彰显了流行元素。

设计：小野琇未
制作：樱木菊美
使用线材：Ski Uk Blend Melange
● 编织方法：p.76

16

套头衫

这是一款怀旧感十足的
北欧风情配色编织毛衣。
细细密密的传统花样
通过巧妙的配色焕发出新的魅力。
深蓝色底色很好地衬托了
前身片上的配色花样。

设计：冈 真理子
制作：内海理惠
使用线材：Ski Tasmanian Polwarth
● 编织方法：p.80

17

背心

立体的编织花样
能打造阴影感，
给人别具一格的感觉。
高领的设计很特别，
也很适合成年人。

设计：镰田惠美子
制作：饭塚静代
使用线材：Ski Fraulein
● 编织方法：p.84

18

La
vierge
noire

19

套头衫

靛蓝色的套头毛衣，
给人容易亲近的感觉。
宽松的袖子，很适合当下的心情。
花样部分一圈圈环形编织，
看着正面编织，
复杂的针法也变得有趣起来。

设计：冈 真理子
制作：水野 顺
使用线材：Ski Fraulein
● 编织方法：p.86

开衫

麻花花样的开衫，
花样稳重且保暖效果好，
很适合秋冬季节穿着。
经典的花样，
手感柔软的织片，
让人百穿不厌。

设计：田村佳苗
使用线材：Ski Lana Melange
● 编织方法：p.90

20

马甲

使用段染线编织的马甲，
从领口到前门襟均设计了宽宽的花样，
给人留下深刻的印象。
盖住腰部的中长款，
可以起到很好的保暖效果。

设计：武田敦子
制作：饭塚静代
使用线材：Ski Le Bois
● 编织方法：p.92

21

适合自己的便利小物

当肌肤感受到风中的寒意时，
是不是该拿出毛线编织一些御寒的小物呢？
下面介绍一些非常
受人欢迎的御寒小物。

22a
22b

露指手套

露指手套可以保暖，
还很方便手指活动。
小小的方形花朵花片
从袖口露出来，
让人的心情也变得明媚起来。

设计：矢野康子
使用线材：Ski Fraulein
● 编织方法：p.94

露指手套

拉针编织的三角形花片连接成
露指手套。
它比无指手套的保暖性好，
鲜亮的颜色很适合黯淡的冬季。

设计:Ski毛线企划室
使用线材：Ski Trueno
● 编织方法：p.96

23a
23b

24a
24b

围巾

戴上一款适合自己肤色的围巾，
享受时尚带来的快乐。
使用两种颜色的毛线，
钩织波纹花样，
哪个会让你看起来更有魅力呢？

设计：今井泰子
使用线材：Ski Lana Melange
● 编织方法：p.64

25a
25b

室内毛线鞋

如果想暖和地走在家里的地板上，
就需要穿一双室内毛线鞋。
这是一双便于穿脱的经典毛线鞋，
在鞋面设计了编织花样，
编织成平面织片，然后连接即可。

设计：木之下 薰
使用线材：Ski Score
● 编织方法：p.98

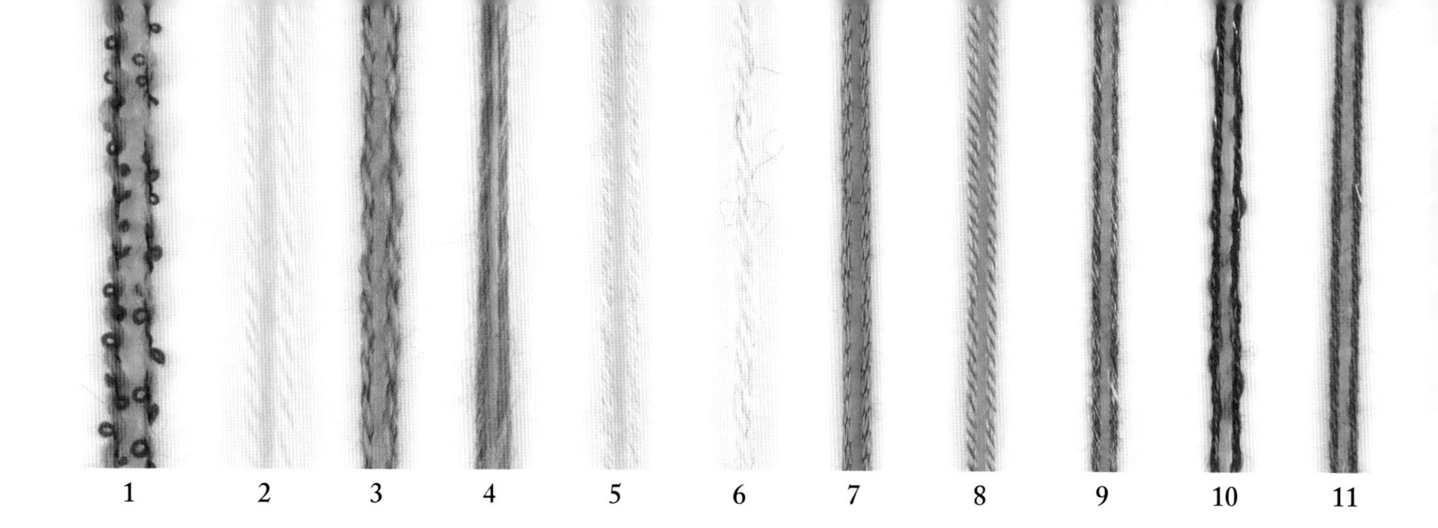
1
2
3
4
5
6
7
8
9
10
11

使用线材一览

※ 图片为实物粗细

毛线名称	成分	粗细	颜色数	规格	线长	使用针号	下针编织标准密度	线材特点
1 Ski Le Bois	羊毛70% 锦纶27% 马海毛3%	中粗	6	30g/团	约78m	5~6号 6/0~7/0号	17~19针 25~28行	在3色段染羊毛线上呈螺旋状缠绕小圈圈线加工而成，呈现出凹凸变化，十分可爱
2 Ski Fraulein	羊毛100%	中粗	15	40g/团	约77m	7~9号 6/0~7/0号	17~19针 23~25行	这是一款100%羊毛材质的中粗平直毛线，产自日本而且价格合理
3 Ski Lana Melange	羊毛100%	粗	8	30/团	约84m	6~7号 5/0~6/0号	21~23针 28~30行	适合秋冬季节的色调和雅致的色彩变化是这款毛线的特征，它是混色的平直毛线
4 Ski Trueno	羊毛95% 锦纶5%	粗	7	30g/团	约105m	5~6号 5/0~6/0号	20~22针 28~30行	5色段染与纯色羊毛加工而成的混色竹节花式纱线散发着若隐若现的光泽，呈现出漂亮的色彩变化
5 Ski Tasmanian Polwarth	羊毛100% （塔斯马尼亚波耳沃斯羊毛）	粗	28	40g/团	约134m	4~6号 5/0~6/0号	21~24针 32~34行	这是一款色泽优美、手感轻柔的毛线，弹性和光泽兼备，它使用了珍贵的塔斯马尼亚波耳沃斯羊毛加工而成
6 Ski UK Blend Melange	羊毛100% （使用50%英国羊毛）	极粗	25	40g/团	约70m	8~10号 7.5/0~9/0号	16~18针 22~23行	这是一款富有质感的混合线，加入了英国羊毛的纯色极粗毛线，富有韵味的混线效果将粗糙感和柔和感中和得恰到好处
7 Ski Luno	铜氨丝43% 腈纶40% 羊毛17%	粗	12	30g/团	约82m	5~7号 5/0~6/0号	20~22针 25~27行	这是一款使用了引人注目的铜氨丝的平直毛线，容易编织，而且富有光泽，又兼具保暖性
8 Ski Merino Silk	羊毛60%（使用美利奴羊毛） 真丝40%	粗	10	30g/团	约113m	4~6号 4/0~6/0号	22~24针 32~34行	这是一款兼具真丝的光泽和美利奴羊毛的轻柔手感的平直粗毛线，穿着体验颇佳
9 Ski风花	羊毛60% 亚麻20% 苎麻20%	中细	8	30g/团	约114m	3~5号 4/0~5/0号	24~27针 31~35行	兼具羊毛的柔软、麻线的光泽与韧性，与麻混纺的羊毛线呈现天然的质朴感
10 Ski Allegro	羊毛37% 腈纶29% 人造丝17% 聚酯纤维13% 锦纶4%	粗	7	30g/团	约106m	4~6号 4/0~6/0号	20~22针 28~31行	色彩丰富的段染线和细细的金银丝线合在一起，组成这款四季皆宜的华丽毛线
11 Ski Score	羊毛50% 锦纶50%	中细	20	40g/团	约160m	2~3号 2/0~3/0号	27~28针 34~35行	这款线兼具羊毛的质感和锦纶的韧性，比较耐磨，适合编织袜子

●线的粗细仅作为参考，下针编织标准密度是制造商提供的数据。
●此表所列均为常用数据，具体见作品。

3

p.5

作品的编织方法

■材料　Ski Trueno（粗）紫色系段染（2717）300g/10团，直径1.8cm的纽扣2颗

■工具　钩针6/0号

■成品尺寸　胸围99cm，衣长52cm，连肩袖长57.25cm

■编织密度　编织花样的1个花样4cm，9.5行10cm

■编织要点　身片、衣袖均锁针起针，按照图示做编织花样，不加减针。领窝参照图示编织。肩部做卷针缝缝合，钩织短针和锁针将衣袖接合于身片。胁部和袖下钩织短针和锁针接合，下摆往返做边缘编织，袖口环形做边缘编织。依次在衣领、前门襟做边缘编织，在右前门襟开扣眼。

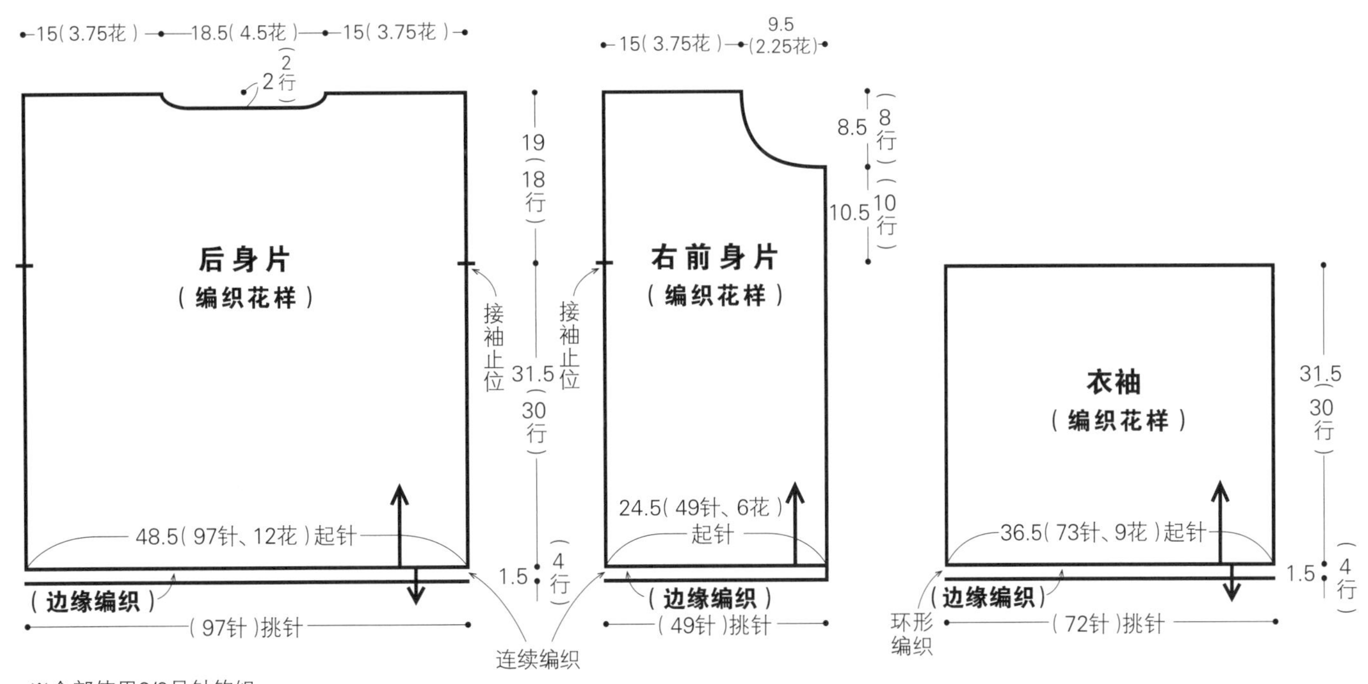

15（3.75花）
18.5（4.5花）
15（3.75花）
2
2行
后身片
（编织花样）
48.5（97针、12花）起针
（边缘编织）
（97针）挑针
19
（18行）
31.5
（30行）
1.5
（4行）
接袖止位
15（3.75花）
9.5
（2.25花）
8.5
（8行）
10.5
（10行）
右前身片
（编织花样）
24.5（49针、6花）
起针
（边缘编织）
（49针）挑针
连续编织
衣袖
（编织花样）
36.5（73针、9花）起针
（边缘编织）
（72针）挑针
环形编织
31.5
（30行）
1.5
（4行）

※全部使用6/0号针钩织

※花=个花样

编织花样

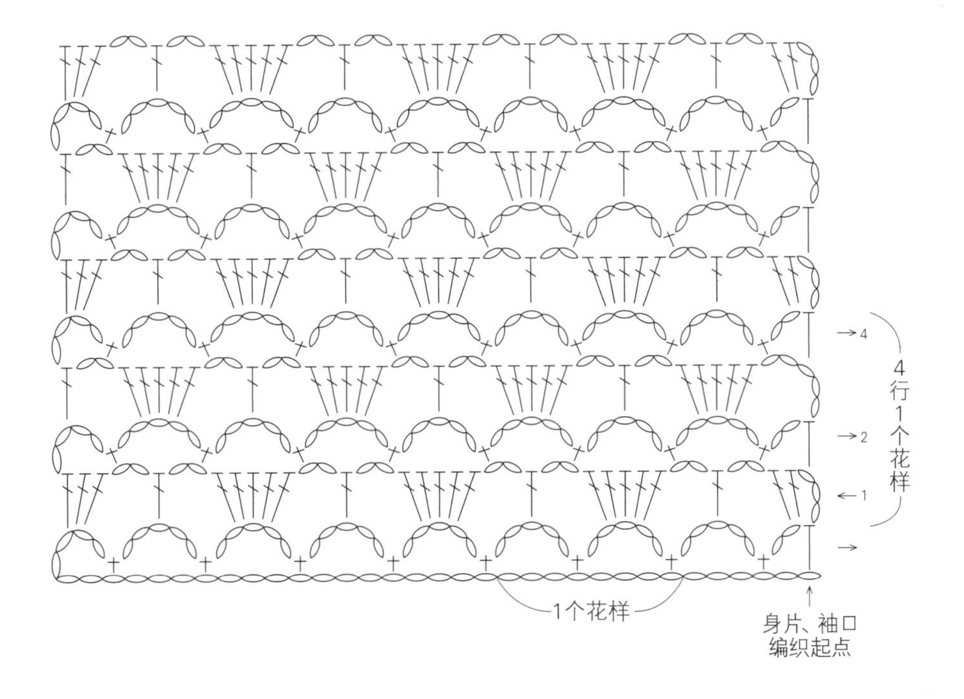

4
2
1
4行1个花样
1个花样
身片、袖口
编织起点

※本书编织图中未标明单位的表示长度的数字均以厘米（cm）为单位

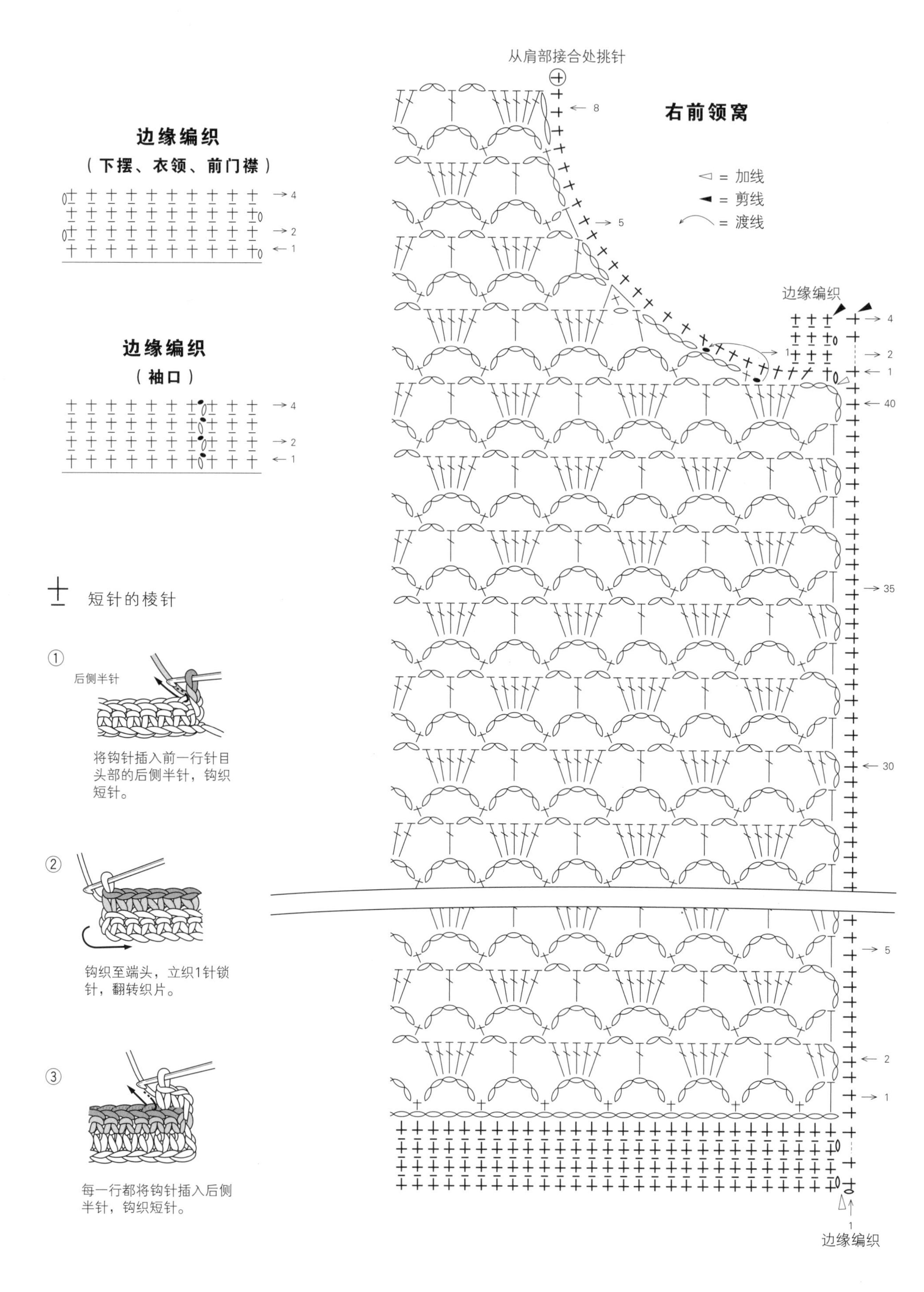
边缘编织
（下摆、衣领、前门襟）
边缘编织
（袖口）
短针的棱针
①
后侧半针
将钩针插入前一行针目头部的后侧半针，钩织短针。
②
钩织至端头，立织1针锁针，翻转织片。
③
每一行都将钩针插入后侧半针，钩织短针。
从肩部接合处挑针
右前领窝
= 加线
= 剪线
= 渡线
边缘编织
边缘编织

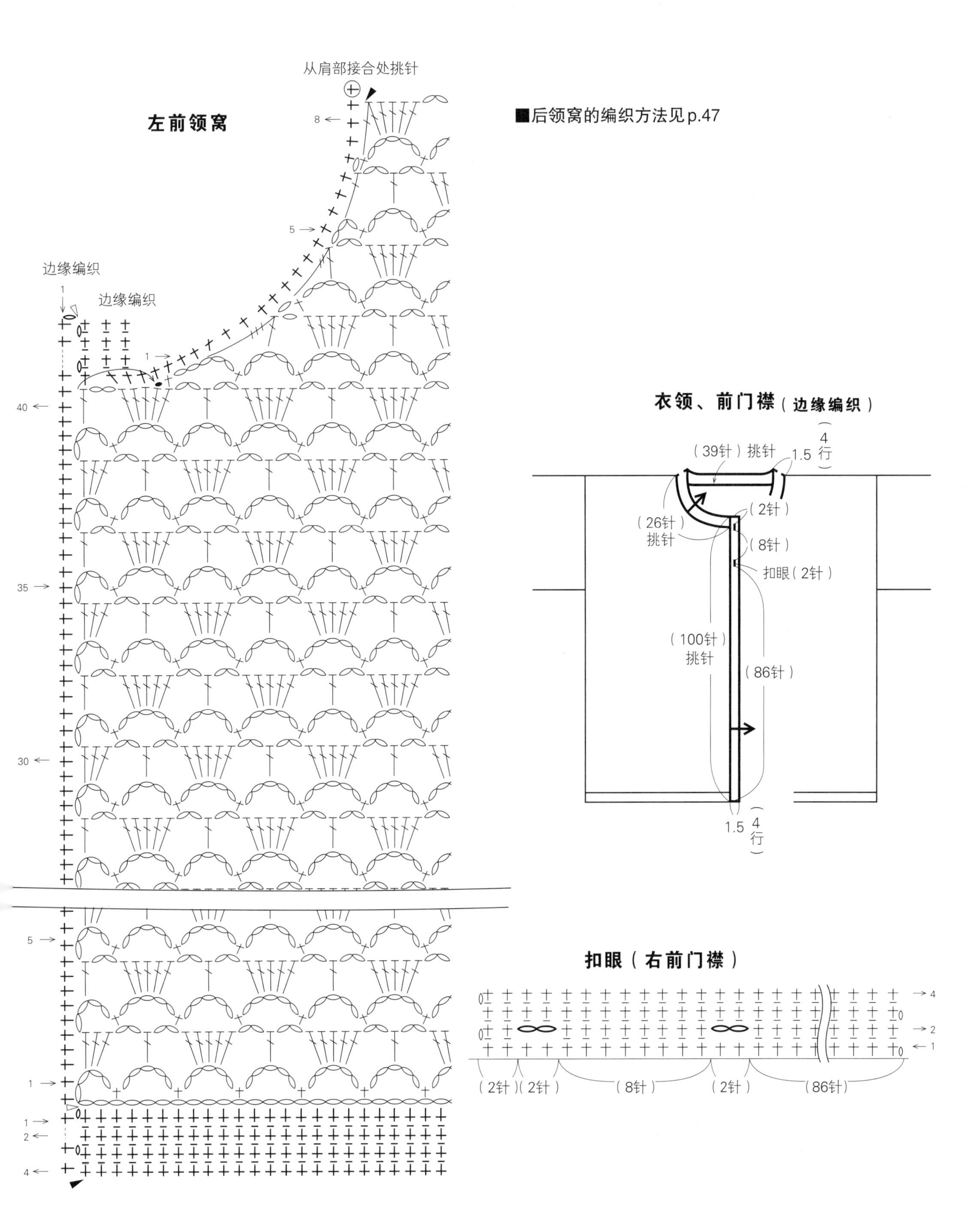
左前领窝
从肩部接合处挑针
边缘编织
边缘编织
■后领窝的编织方法见p.47
衣领、前门襟（边缘编织）
（39针）挑针
1.5（4行）
（2针）
（26针）挑针
（8针）
扣眼（2针）
（100针）挑针
（86针）
1.5（4行）
扣眼（右前门襟）
（2针）（2针）
（8针）
（2针）
（86针）

1
p.3

■**材料** Ski Lana Melange（粗）橘红色（2825）350g/12团

■**工具** 棒针7号、5号

■**成品尺寸** 胸围106cm，衣长63cm，连肩袖长67cm

■**编织密度** 10cm×10cm面积内：编织花样19.5针，30行

■**编织要点** 身片手指起针，做边缘编织A。然后做编织花样，第2行平均减针，两肋7针做指定行数的边缘编织A。前后身片长度不同，注意编织起点的位置。袖窿在端头1针内侧编织扭针加针，衣领做伏针减针和立起侧边1针减针。肩部做盖针接合，衣袖从身片挑针做编织花样，在端头1针内侧减针。接袖止位和开衩止位之间的肋部和袖下，分别使用毛线缝针做挑针缝合。袖口平均加针，环形做边缘编织A'，最后做伏针收针。衣领环形做边缘编织A'，V领如图所示立起中心针目减针。

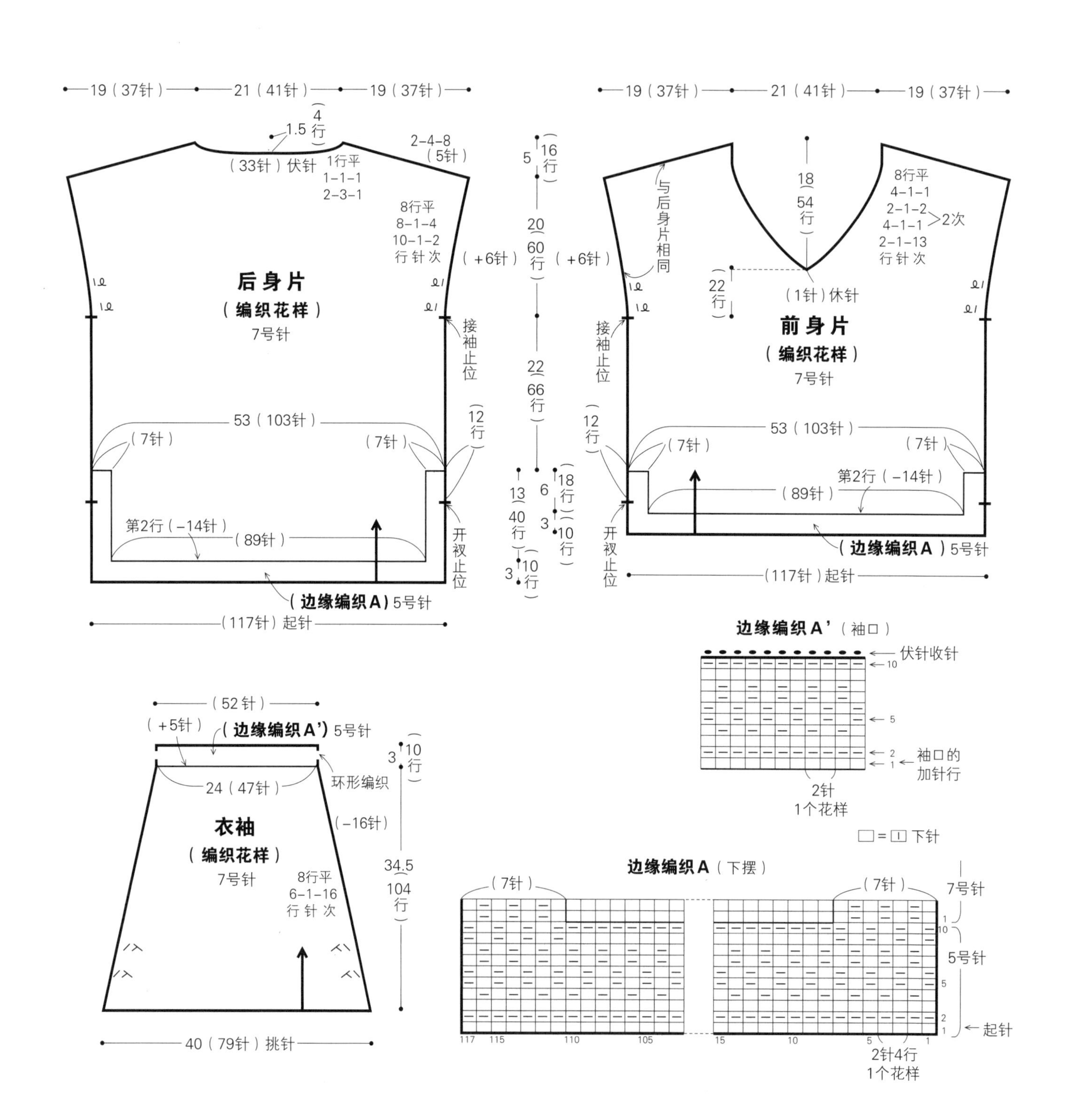
19（37针）
21（41针）
19（37针）
1.5
4行
（33针）伏针
1行平
1-1-1
2-3-1
2-4-8
（5针）
8行平
8-1-4
10-1-2
行针次
后身片
（编织花样）
7号针
接袖止位
53（103针）
（7针）
（7针）
12行
第2行（-14针）
（89针）
开衩止位
（边缘编织A）5号针
（117针）起针
5
16行
20
60行
（+6针）
（+6针）
22
66行
13
40行
6
18行
3
10行
3
10行
与后身片相同
18
54行
8行平
4-1-1
2-1-2
4-1-1
>2次
2-1-13
行针次
22行
（1针）休针
前身片
（编织花样）
7号针
接袖止位
53（103针）
（7针）
（7针）
12行
第2行（-14针）
（89针）
（边缘编织A）5号针
开衩止位
（117针）起针
边缘编织A'（袖口）
伏针收针
10
5
2
1
袖口的加针行
2针
1个花样
□=□ 下针
（52针）
（+5针）
（边缘编织A'）5号针
3
10行
24（47针）
环形编织
（-16针）
衣袖
（编织花样）
7号针
8行平
6-1-16
行针次
34.5
104行
40（79针）挑针
边缘编织A（下摆）
（7针）
（7针）
7号针
5号针
起针
117
115
110
105
15
10
5
1
2针4行
1个花样

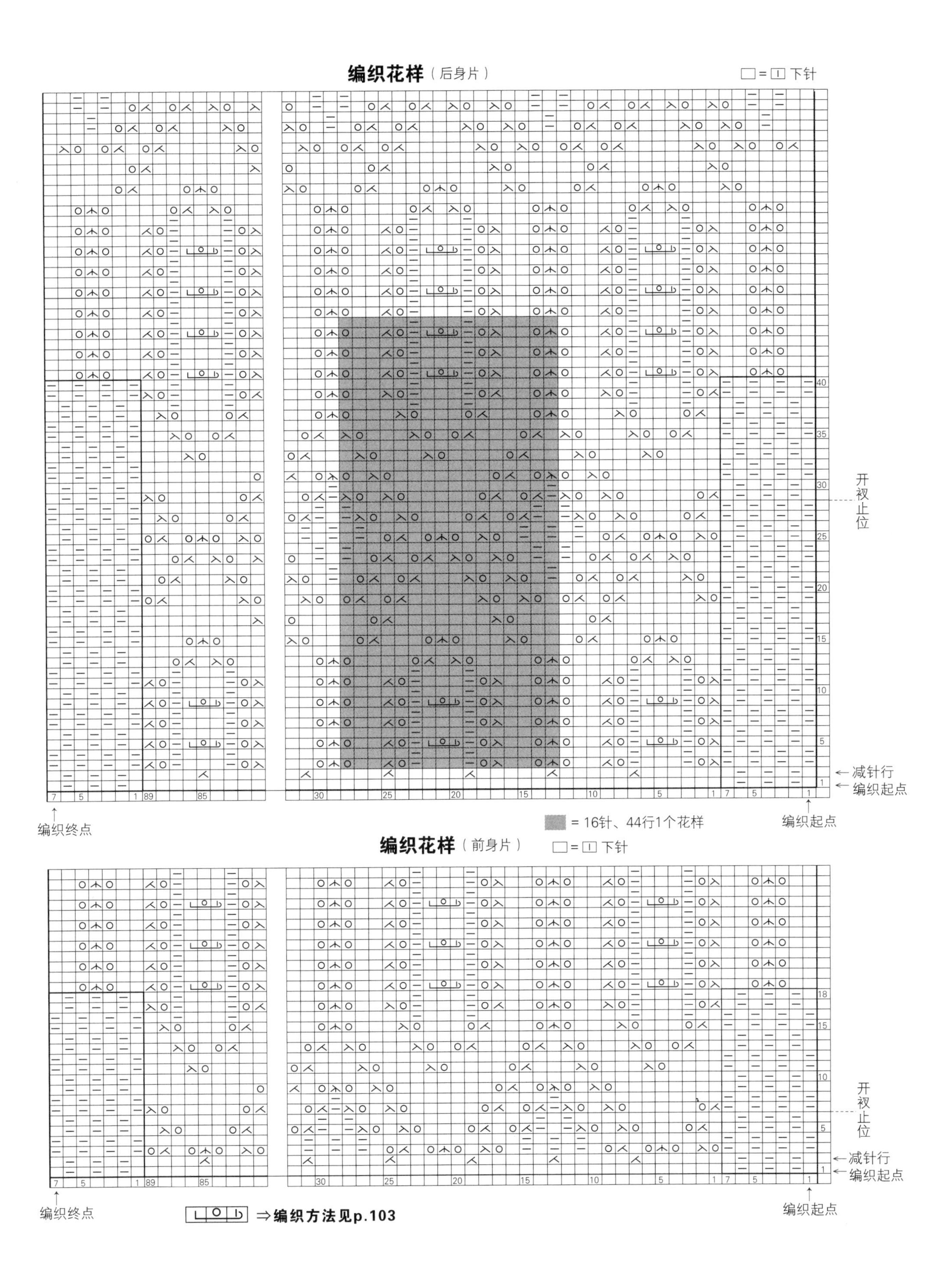

编织花样（后身片）
□=□ 下针
开衩止位
减针行
编织起点
编织终点
编织起点
■ = 16针、44行1个花样
编织花样（前身片）
□=□ 下针
开衩止位
减针行
编织起点
编织终点
编织起点

⇒编织方法见p.103

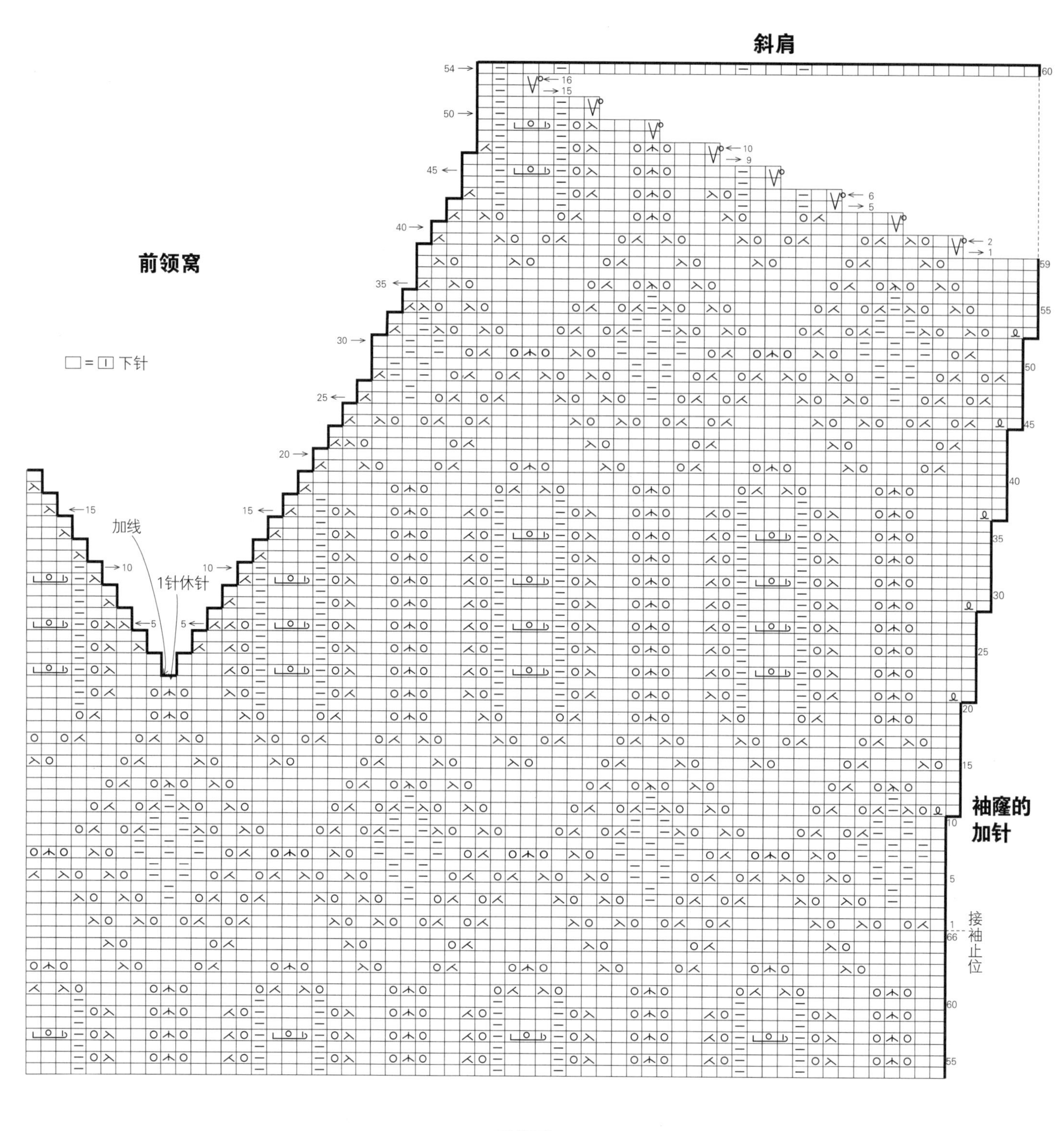
斜肩
前领窝
□=□ 下针
加线
1针休针
袖窿的加针
接袖止位

后领窝

□=□ 下针

消行

后身片中心

加线

衣袖

□=⊡ 下针

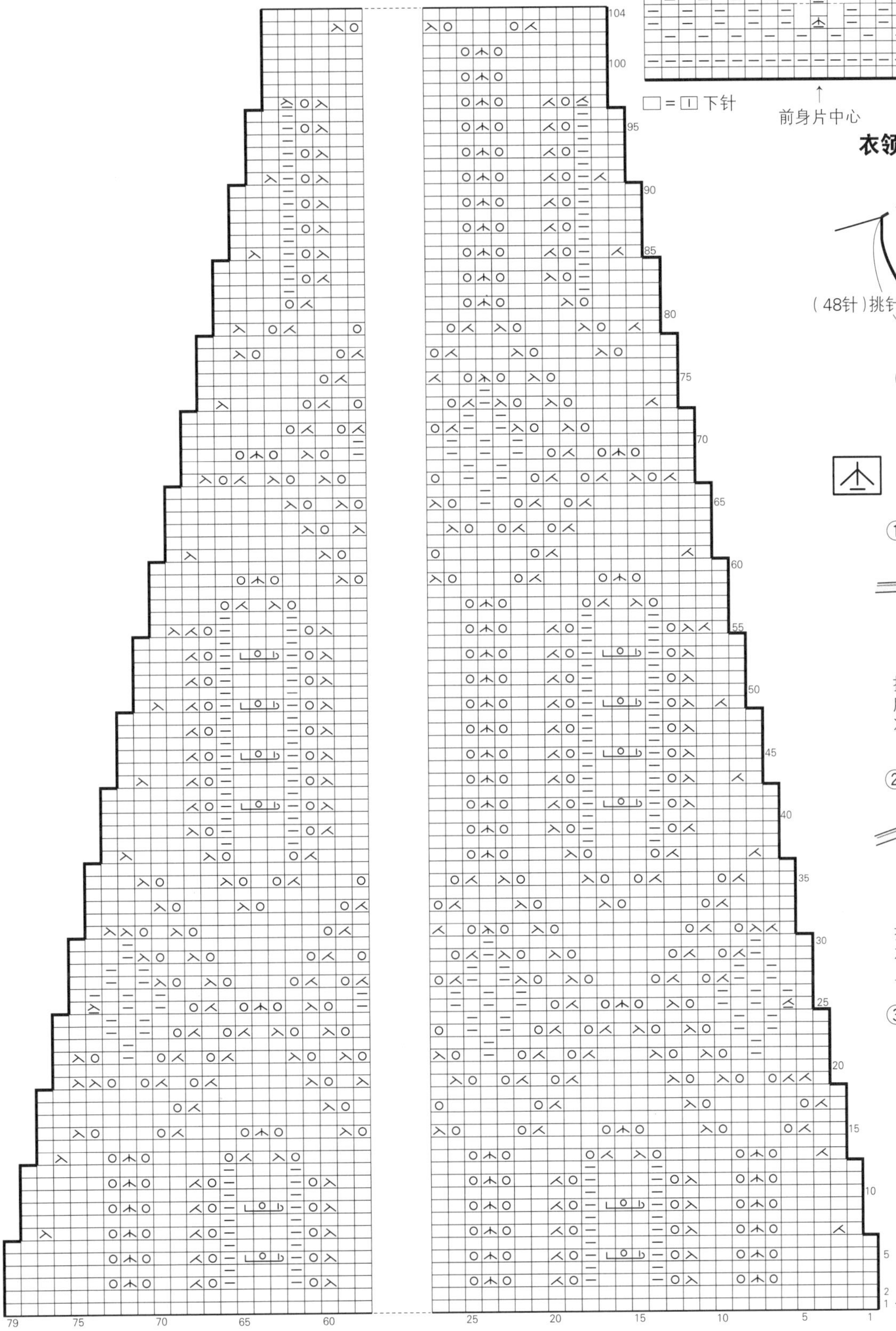

V领的编织方法

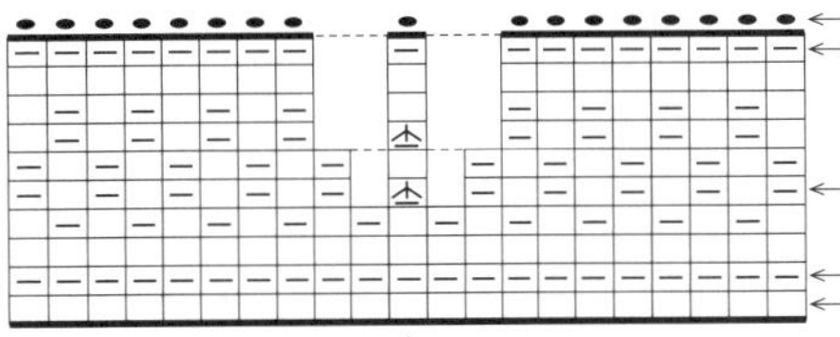

伏针收针

挑针

□=⊡ 下针

前身片中心

衣领（边缘编织A'）5号针

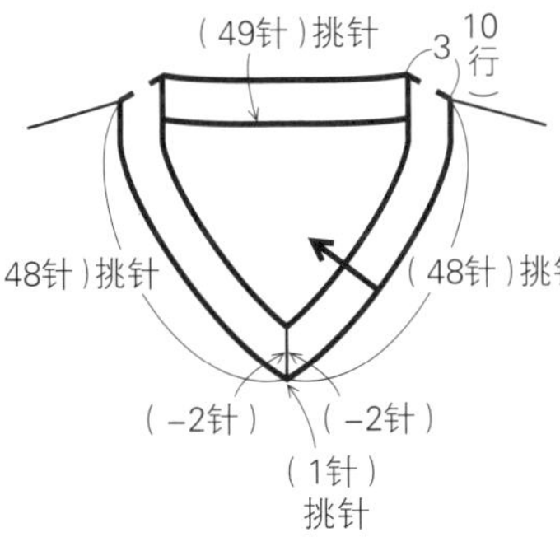

（49针）挑针

3（10行）

（48针）挑针

（48针）挑针

（-2针）

（-2针）

（1针）挑针

上针的中上3针并1针

①

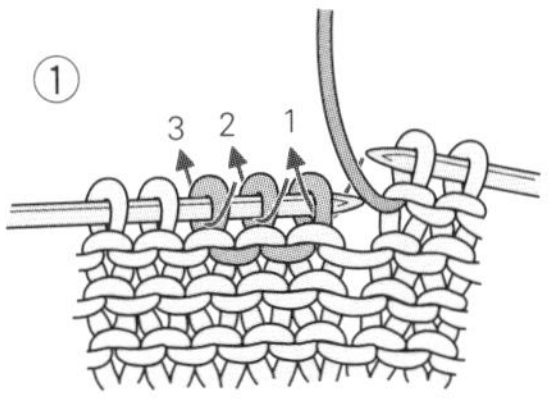

按照1、2、3的顺序，如箭头所示将右棒针插入，不编织依次移至右棒针上。

②

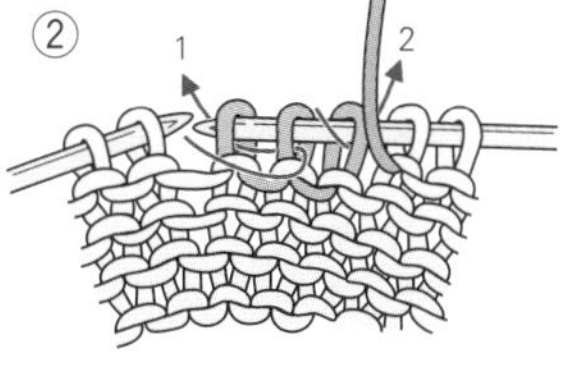

按照1、2的顺序，如箭头所示将左棒针插入，使针目回到左棒针上。

③

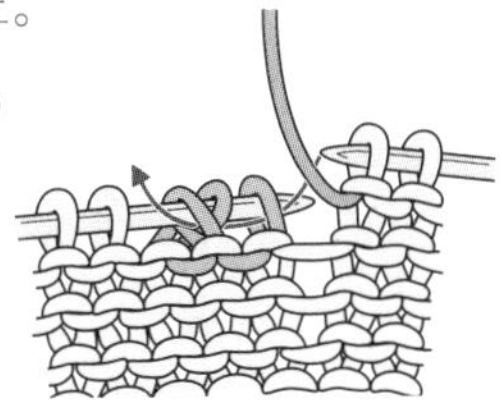

如箭头所示，将右棒针插入3针，编织上针。

2

p.4

■材料　Ski 风花（中细）紫色（2007）550g/19团
■工具　钩针5/0号、4/0号
■成品尺寸　胸围108cm，衣长57cm，连肩袖长55.5cm
■编织密度　10cm×10cm面积内：编织花样A23针，12.5行；编织花样B 4.4个花样，12行
■编织要点　身片、衣袖均锁针起针，挑起锁针的半针和里山做编织花样A。编织花样中的立体花朵，需要在长针和锁针上钩织5片花瓣，然后继续钩织。袖窿、斜肩、领窝和袖山参照图1~图8钩织。肩部做引拔接合，胁部和袖下钩织引拔针和锁针接合。下摆和袖口环形做编织花样B。衣领从身片挑针，一边调整编织密度，一边往返做编织花样B。V领领尖重叠着，分别在正反面缝合。衣袖钩织引拔针和锁针接合于身片。

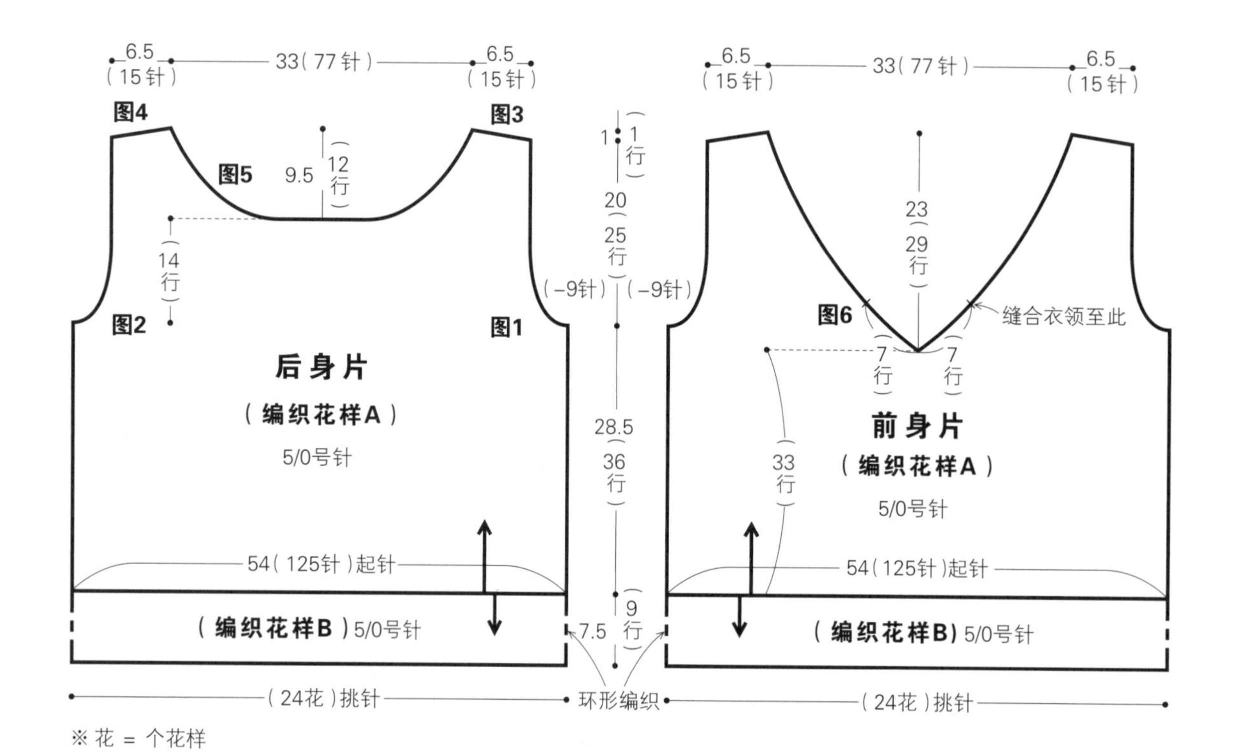

6.5（15针）
33（77针）
6.5（15针）
图4
图3
图5
9.5（12行）
（14行）
图2
图1
后身片
（编织花样A）
5/0号针
1（1行）
20（25行）
（-9针）（-9针）
28.5（36行）
54（125针）起针
（编织花样B）5/0号针
7.5（9行）
（24花）挑针
环形编织
6.5（15针）
33（77针）
6.5（15针）
23（29行）
图6
缝合衣领至此
7行
7行
（33行）
前身片
（编织花样A）
5/0号针
54（125针）起针
（编织花样B）5/0号针
（24花）挑针

※ 花 = 个花样

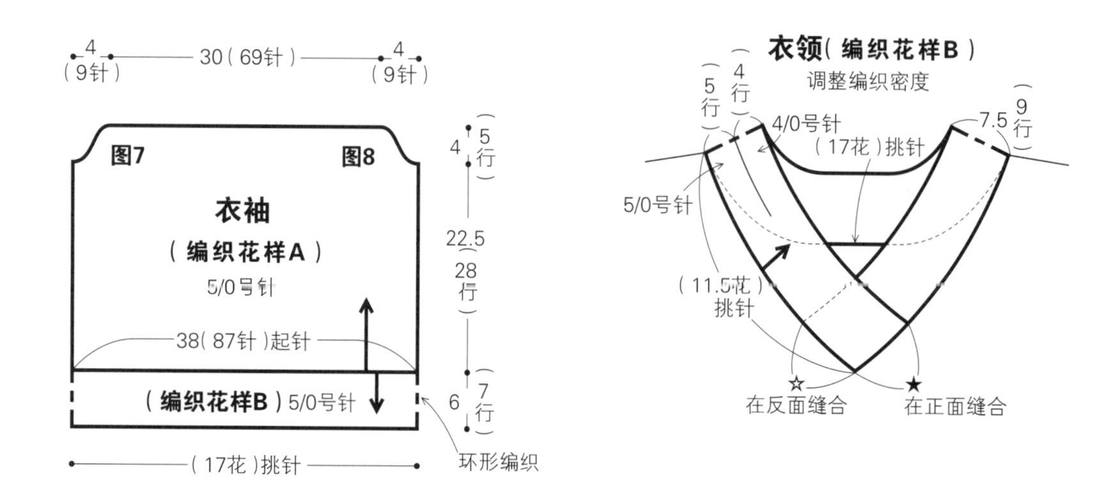

4（9针）
30（69针）
4（9针）
图7
图8
衣袖
（编织花样A）
5/0号针
4（5行）
22.5（28行）
38（87针）起针
（编织花样B）5/0号针
6（7行）
（17花）挑针
环形编织
衣领（编织花样B）
调整编织密度
5行
4行
4/0号针
（17花）挑针
7.5（9行）
5/0号针
（11.5花）挑针
在反面缝合
在正面缝合

编织花样A （身片）

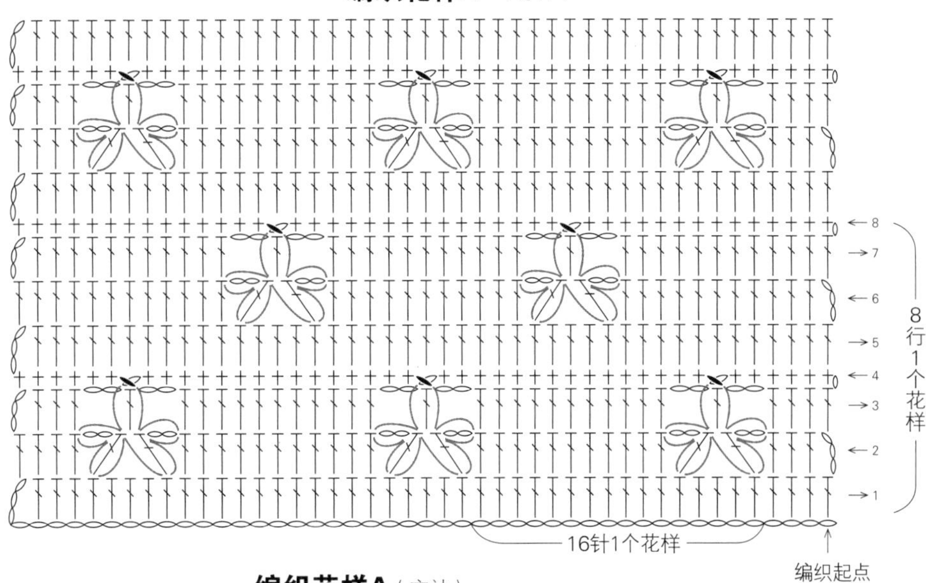

8
7
6
5
4
3
2
1
8行1个花样
16针1个花样
编织起点

编织花样A（衣袖）

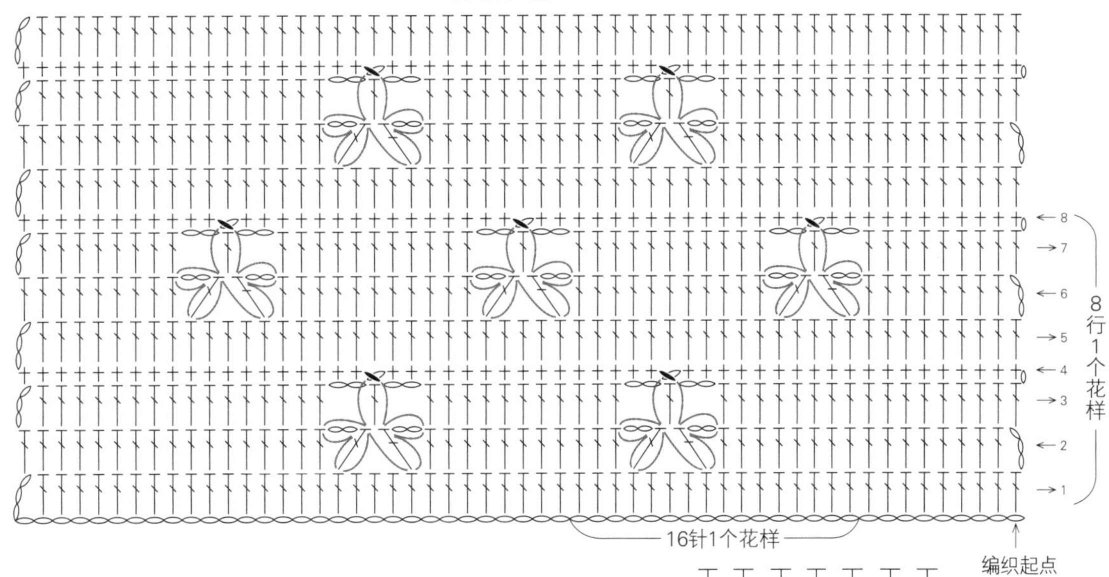

8
7
6
5
4
3
2
1
8行1个花样
16针1个花样
编织起点

编织花样B（衣领）

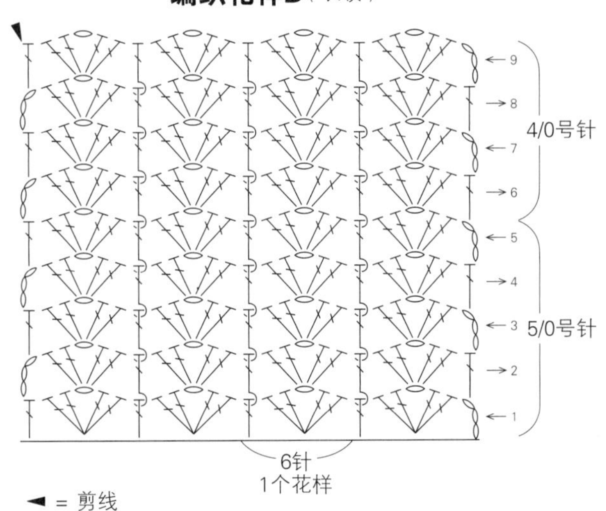

9
8
7
6
5
4
3
2
1
4/0号针
5/0号针
6针
1个花样
◄ = 剪线

【立体花朵的钩织方法】

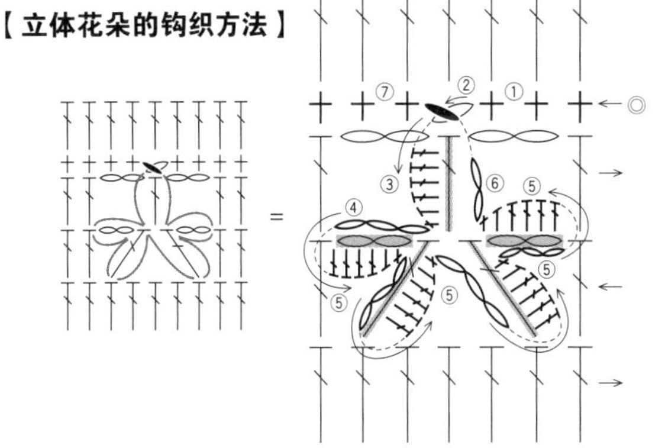

=
⑦
②
①
◎
③
⑥
⑤
④
⑤
⑤
⑤

① 在◎行整段挑起前一行的2针锁针，钩织2针短针
② 钩织1针锁针
③ 只整段挑起 ，在上面编织
④ 钩织3针锁针
⑤ 沿着→指示，重复③、④
⑥ 钩织好5片花瓣后，钩织2针锁针，整段挑起②的锁针钩织引拔针
⑦ 然后整段挑起前一行的2针锁针，钩织2针短针

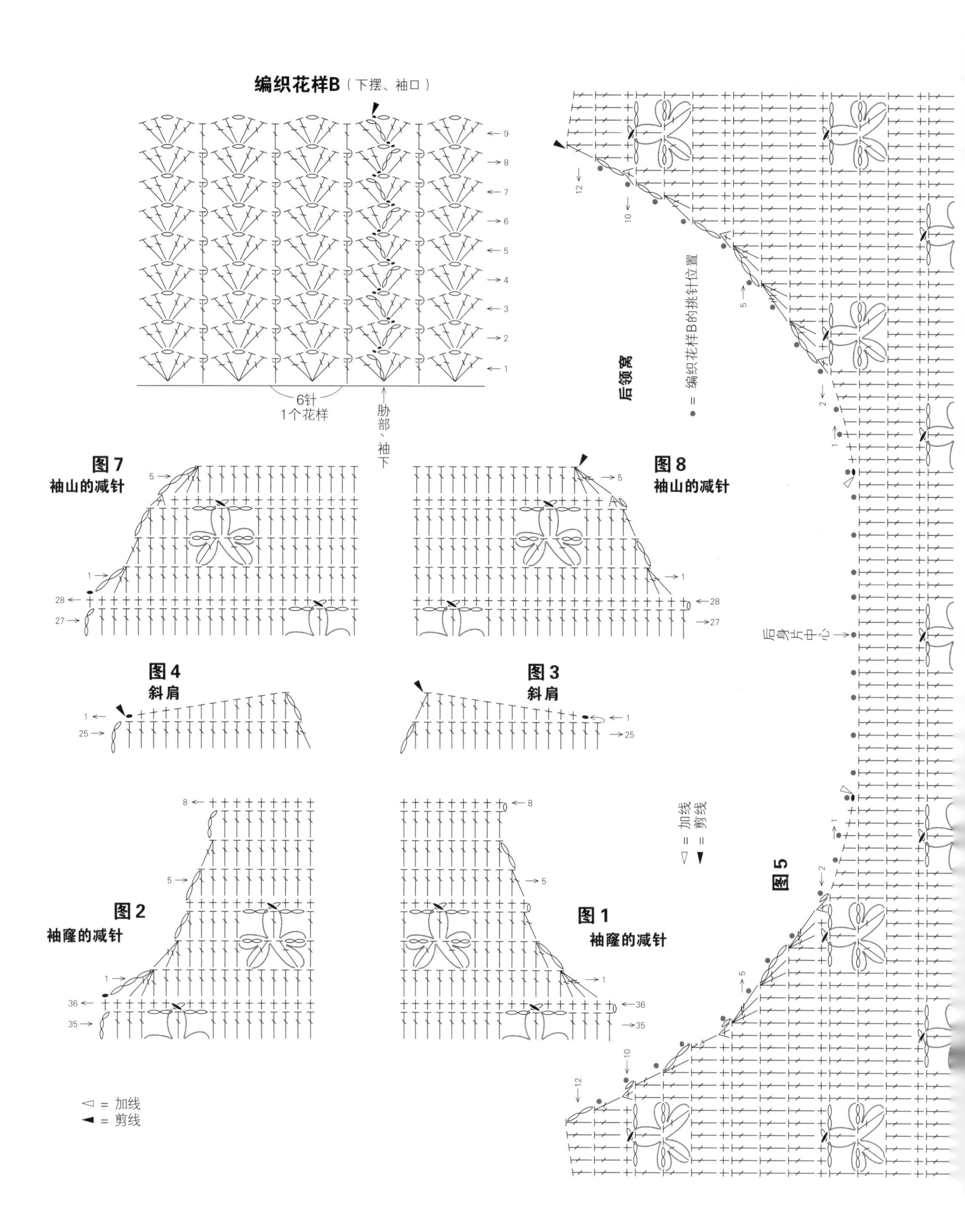

编织花样B（下摆、袖口）
6针
1个花样
肋部、袖下
图7
袖山的减针
图8
袖山的减针
图4
斜肩
图3
斜肩
图2
袖窿的减针
图1
袖窿的减针
◁ = 加线
◀ = 剪线
后领窝
● = 编织花样B的挑针位置
后身片中心
图5

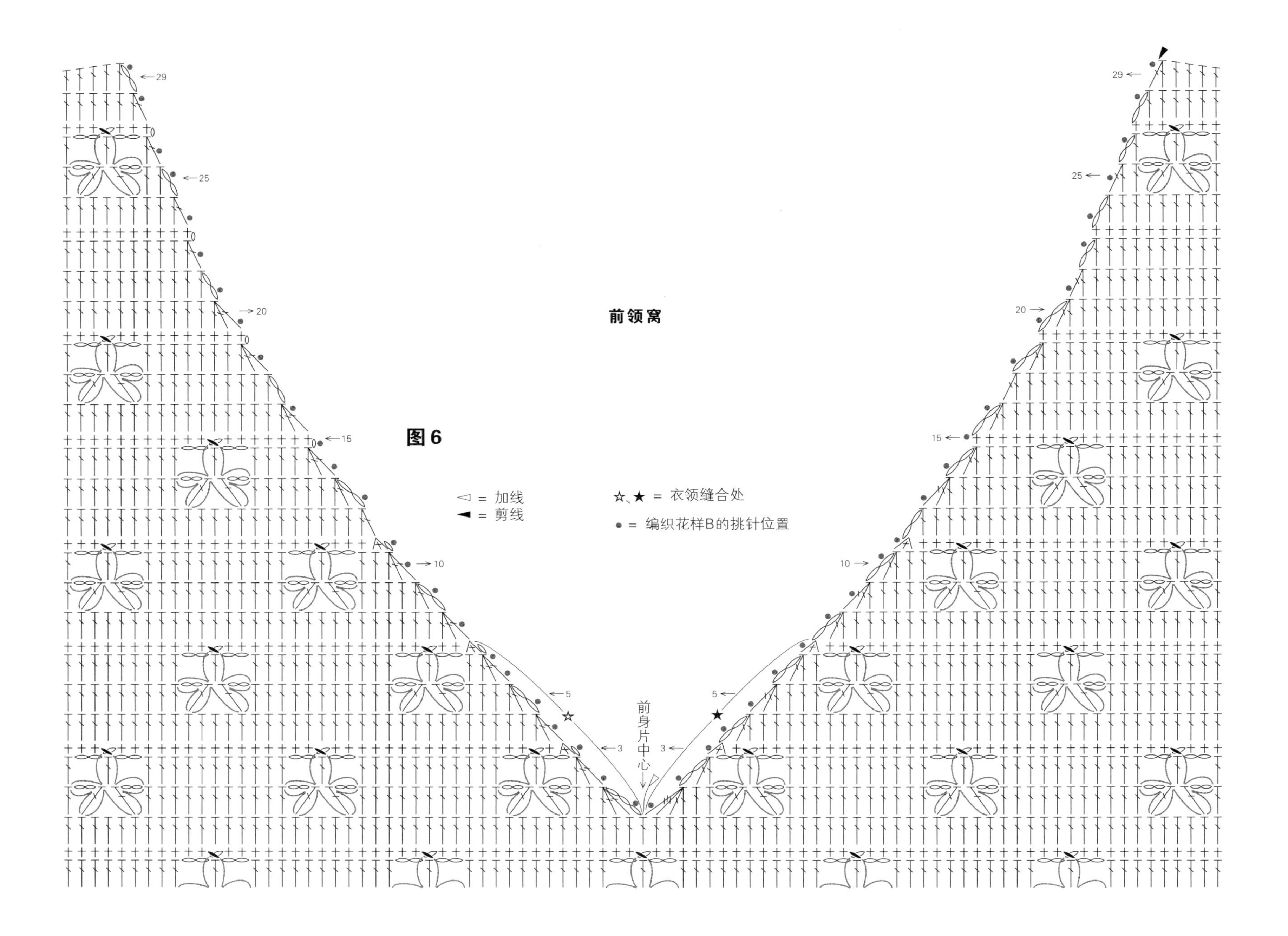
图 6
前领窝
◁ = 加线
◀ = 剪线
☆、★ = 衣领缝合处
● = 编织花样B的挑针位置
前身片中心
29
25
20
15
10
5
3
3
5
10
15
20
25
29

4

p.6

■**材料**　Ski Merino Silk（粗）水蓝色（2605）300g/10团

■**工具**　棒针5号

■**成品尺寸**　胸围94cm，衣长56.5cm，连肩袖长74.5cm

■**编织密度**　10cm×10cm面积内：下针编织、编织花样均为25.5针，33.5行

■**编织要点**　身片在下摆处手指起针，编织桂花针，然后做下针编织。腋下针目休针，插肩线减针时，在端头2针内侧编织2针并1针，最后休针。衣袖和身片相同，先编织桂花针，然后平均编织扭针加针，做编织花样A；然后做下针编织，袖下在端头1针内侧编织扭针加针，使用和身片相同的方法编织插肩线，前后身片的差行做引返编织。胁部和袖下分别使用毛线缝针做挑针缝合，身片和衣袖的插肩线均使用毛线缝针做挑针缝合，腋下针目做下针的无缝缝合。育克从身片和衣袖挑针，一边分散减针，一边做编织花样A'。然后继续做平均减针，衣领编织桂花针，最后做稍紧的伏针收针，折向内侧缝合。

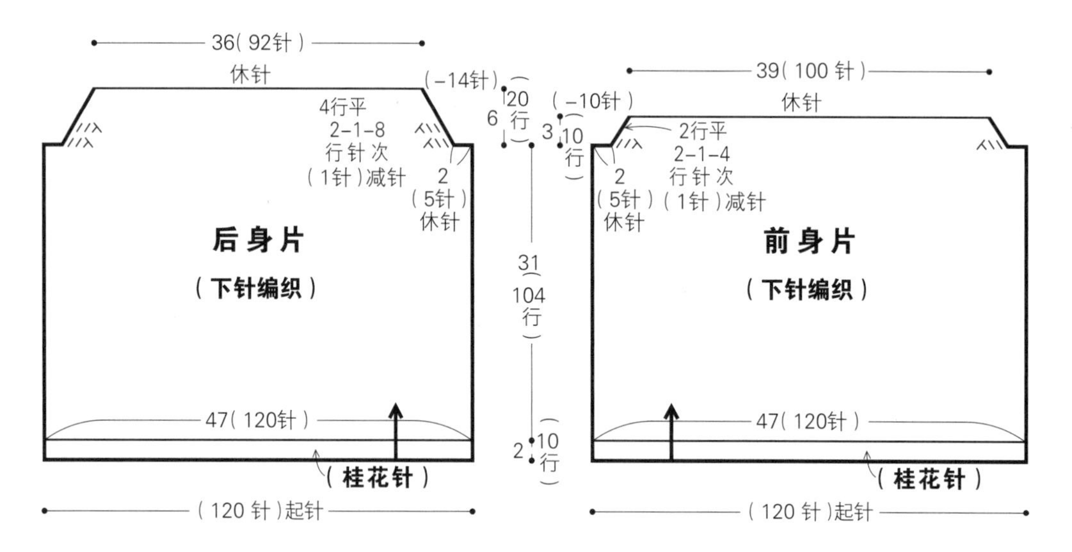

36(92针)
休针
4行平
2-1-8
行针次
(1针)减针
(-14针)
20行
6
2
(5针)
休针
后身片
(下针编织)
47(120针)
(桂花针)
(120针)起针
31
104行
2
10行
39(100针)
休针
(-10针)
3
10行
2行平
2-1-4
行针次
(1针)减针
2
(5针)
休针
前身片
(下针编织)
47(120针)
(桂花针)
(120针)起针

※ 全部使用5号针编织

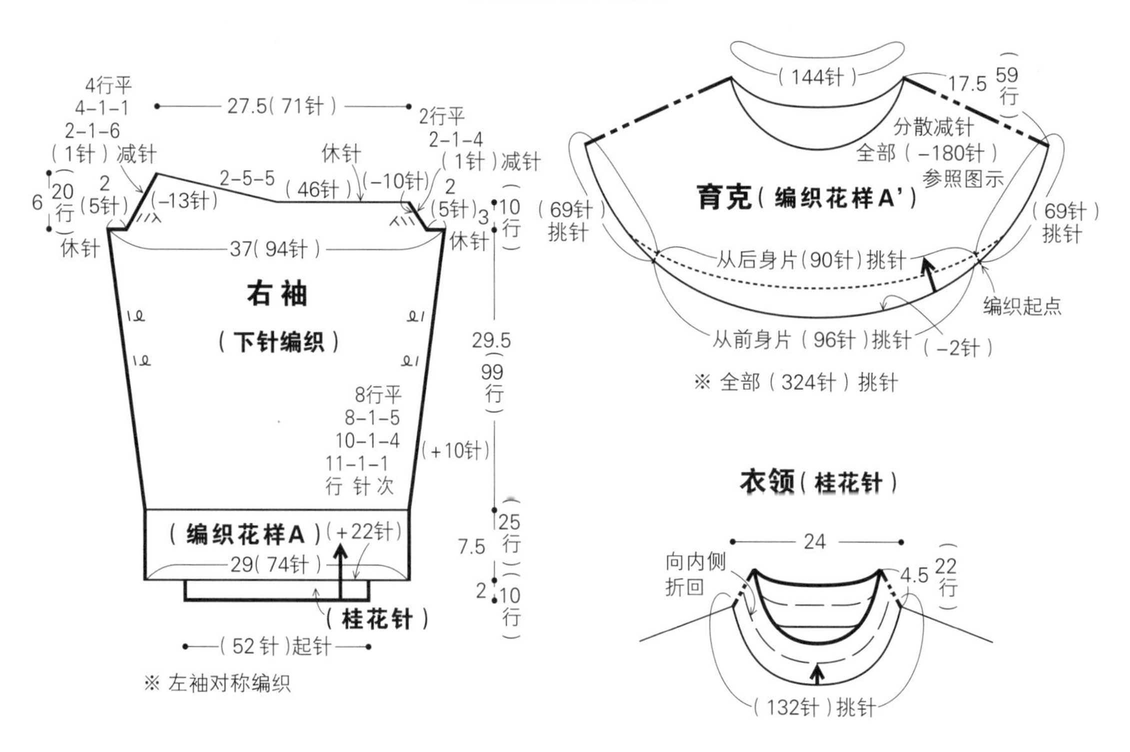

4行平
4-1-1
2-1-6
(1针)减针
27.5(71针)
2行平
2-1-4
(1针)减针
休针
2-5-5
(46针)
(-10针)
6
20行
2
(5针)
(-13针)
休针
2
(5针)
3
10行
休针
37(94针)
右袖
(下针编织)
8行平
8-1-5
10-1-4
11-1-1
行针次
(+10针)
29.5
99行
(编织花样A)
(+22针)
29(74针)
(桂花针)
25行
7.5
2
10行
(52针)起针
(144针)
17.5
59行
分散减针
全部(-180针)
参照图示
育克(编织花样A')
(69针)
挑针
(69针)
挑针
从后身片(90针)挑针
编织起点
从前身片(96针)挑针
(-2针)
※ 全部(324针)挑针
衣领(桂花针)
24
向内侧
折回
4.5
22行
(132针)挑针

※ 左袖对称编织

编织花样A'（育克的分散减针）

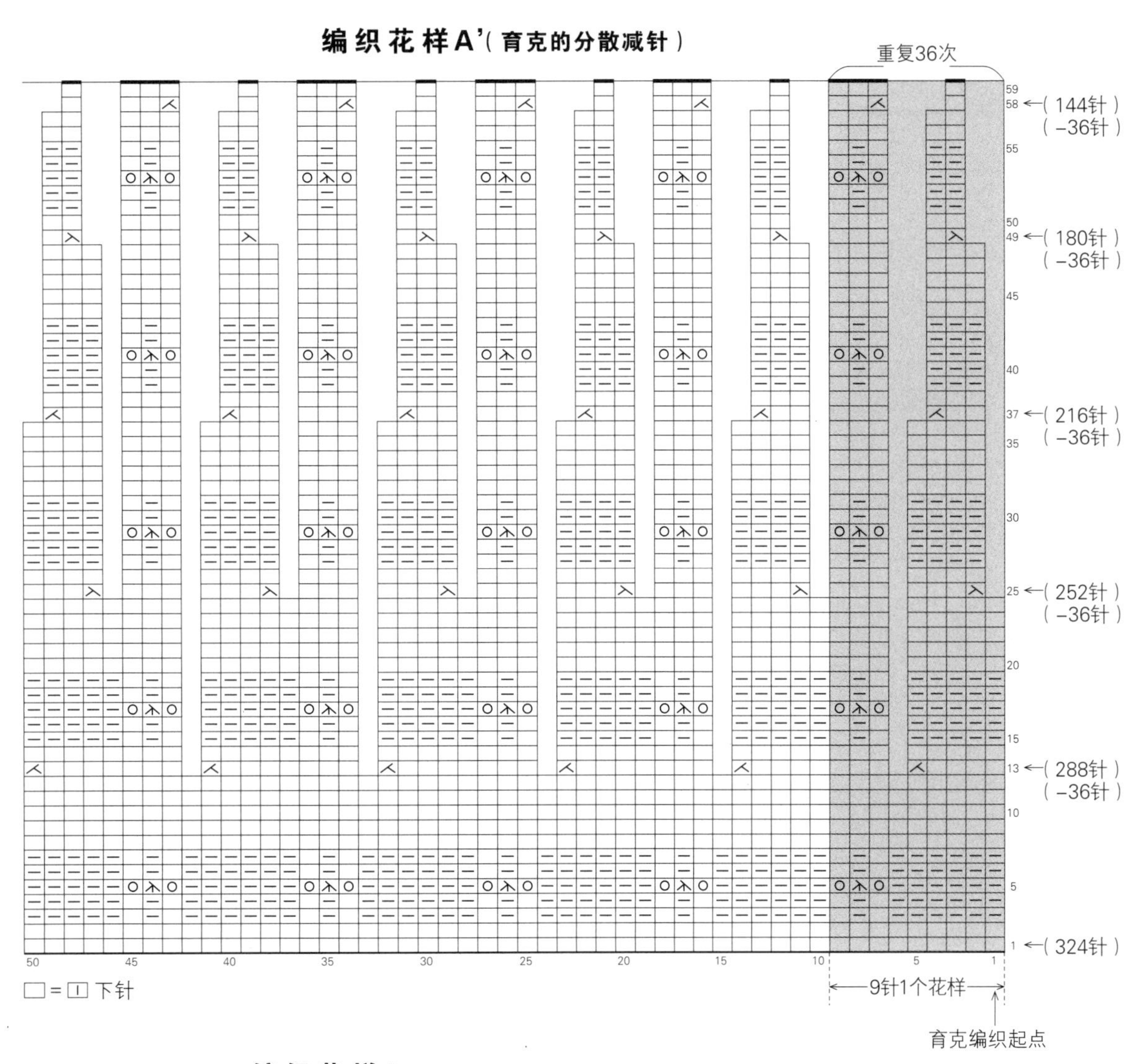

重复36次
58 ←（144针）（-36针）
49 ←（180针）（-36针）
37 ←（216针）（-36针）
25 ←（252针）（-36针）
13 ←（288针）（-36针）
1 ←（324针）
□ = ⊡ 下针
9针1个花样
育克编织起点

编织花样A（衣袖）

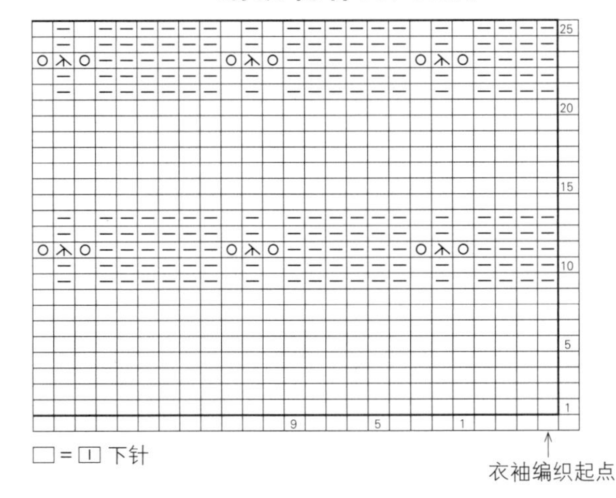

□ = ⊡ 下针
衣袖编织起点

桂花针

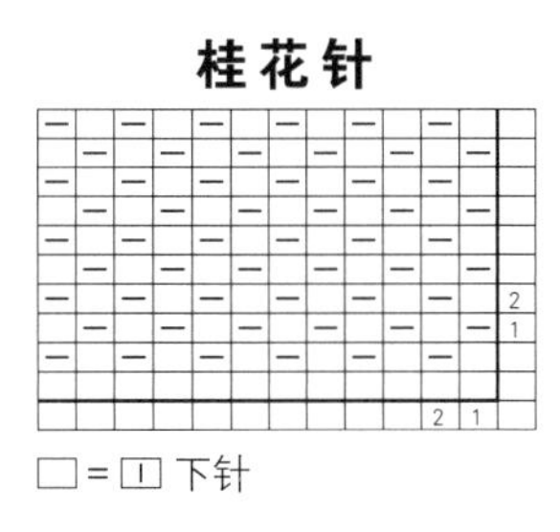

□ = ⊡ 下针

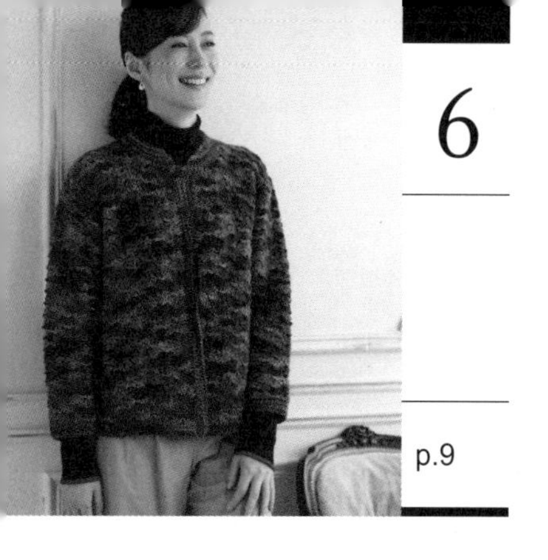

6

p.9

■材料 Ski Le Bois（中粗）褐色系段染（2346）520g/18团，长3.5cm的纽扣3颗

■工具 钩针8/0号、7/0号

■成品尺寸 胸围102.5cm，肩宽39cm，衣长57cm，袖长50cm

■编织密度 编织花样的1个花样5.5cm，9行10cm；10cm×10cm面积内：短针14.5针，20行

■编织要点 前后身片均做罗纹绳起针，挑起锁针的2根线，钩织短针。然后参照图1~图4，做编织花样。衣袖和身片相同，参照图5、图6钩织。肩部正面相对对齐做引拔接合（7/0号针），胁部钩织引拔针和锁针接合。前门襟钩织短针，在右侧开扣眼。衣领也钩织短针，注意调整编织密度，两端参照图示减针，第5行另在3处进行减针。衣袖钩织引拔针和锁针接合于身片。

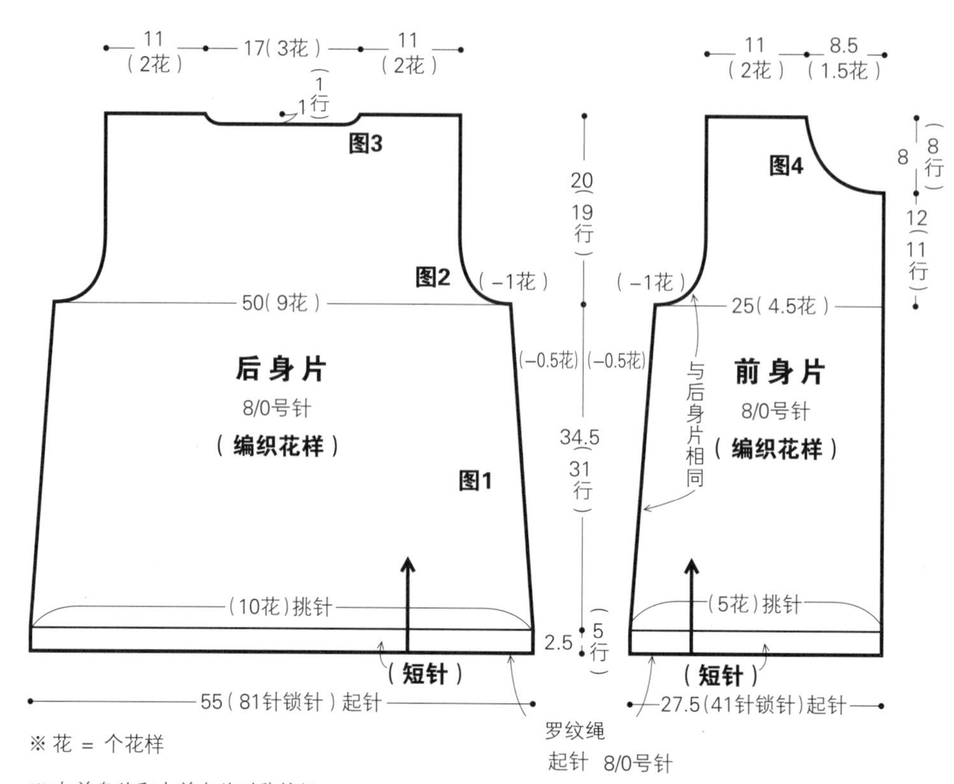

11（2花）
17（3花）
11（2花）
1行
图3
图2
（-1花）
50（9花）
后身片
8/0号针
（编织花样）
图1
（10花）挑针
（短针）
55（81针锁针）起针
20
19行
34.5
31行
2.5
5行
（-0.5花）
罗纹绳起针 8/0号针
11（2花）
8.5（1.5花）
图4
8
8行
12
11行
25（4.5花）
前身片
8/0号针
（编织花样）
与后身片相同
（5花）挑针
（短针）
27.5（41针锁针）起针

※花 = 个花样

※左前身片和右前身片对称编织

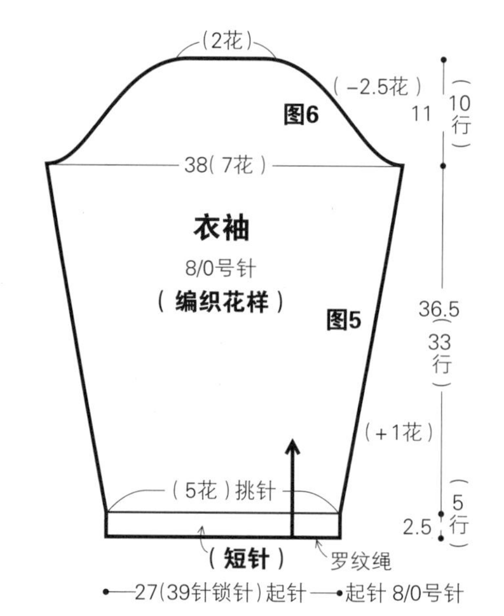

（2花）
（-2.5花）
11
10行
图6
38（7花）
衣袖
8/0号针
（编织花样）
图5
36.5
33行
（+1花）
（5花）挑针
2.5
5行
（短针）
罗纹绳起针 8/0号针
27（39针锁针）起针

编织花样

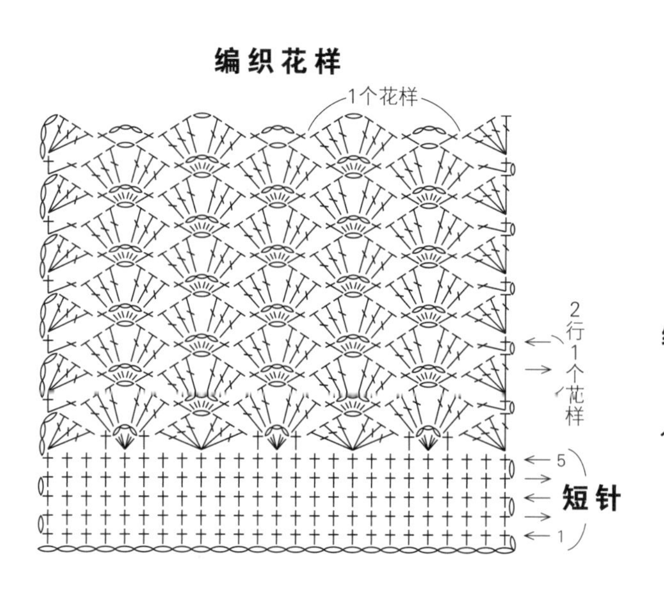

1个花样
2行1个花样
5
1
短针

编织花样的编织方法

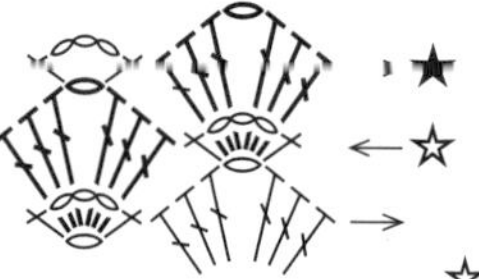

★
☆

☆下针行，将前一行的3针锁针倒向前面，整段挑起前两行的锁针，钩织长针

★上针行，将前一行的3针锁针倒向后面按照相同方法钩织

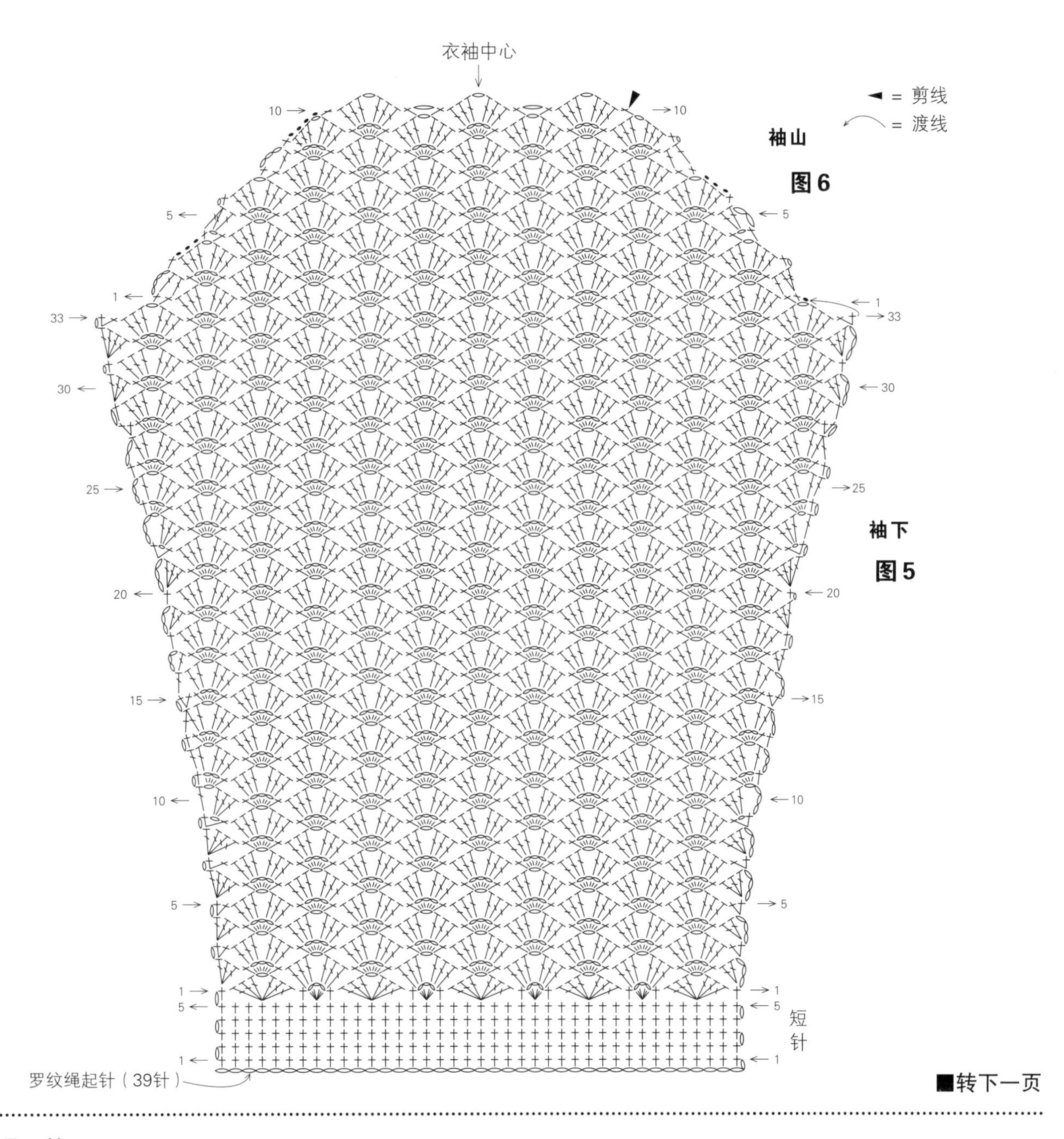
衣袖中心
◀ = 剪线
⌒ = 渡线
袖山
图6
袖下
图5
短针
罗纹绳起针（39针）

■转下一页

■作品3: 接p.35

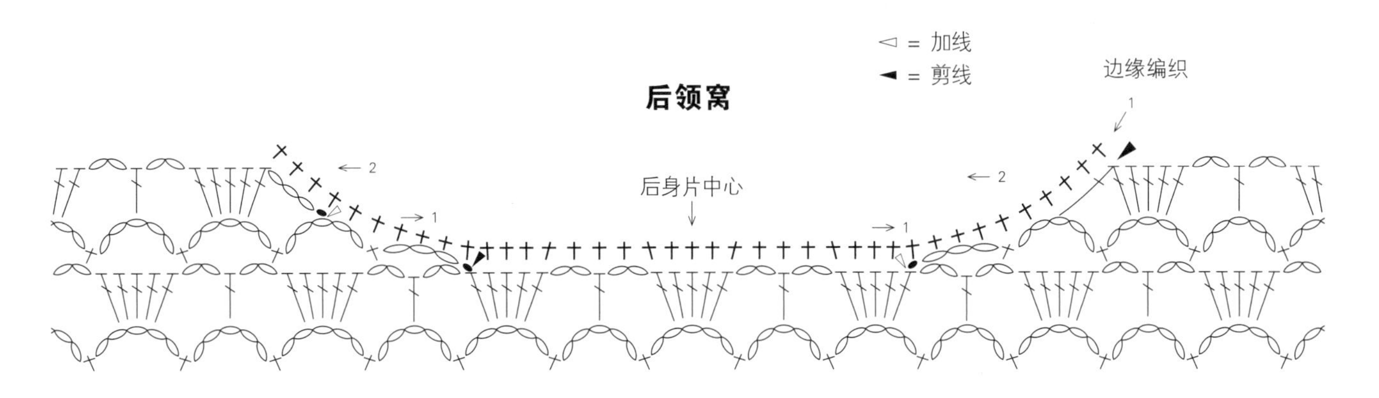
◁ = 加线
◀ = 剪线
后领窝
边缘编织
后身片中心

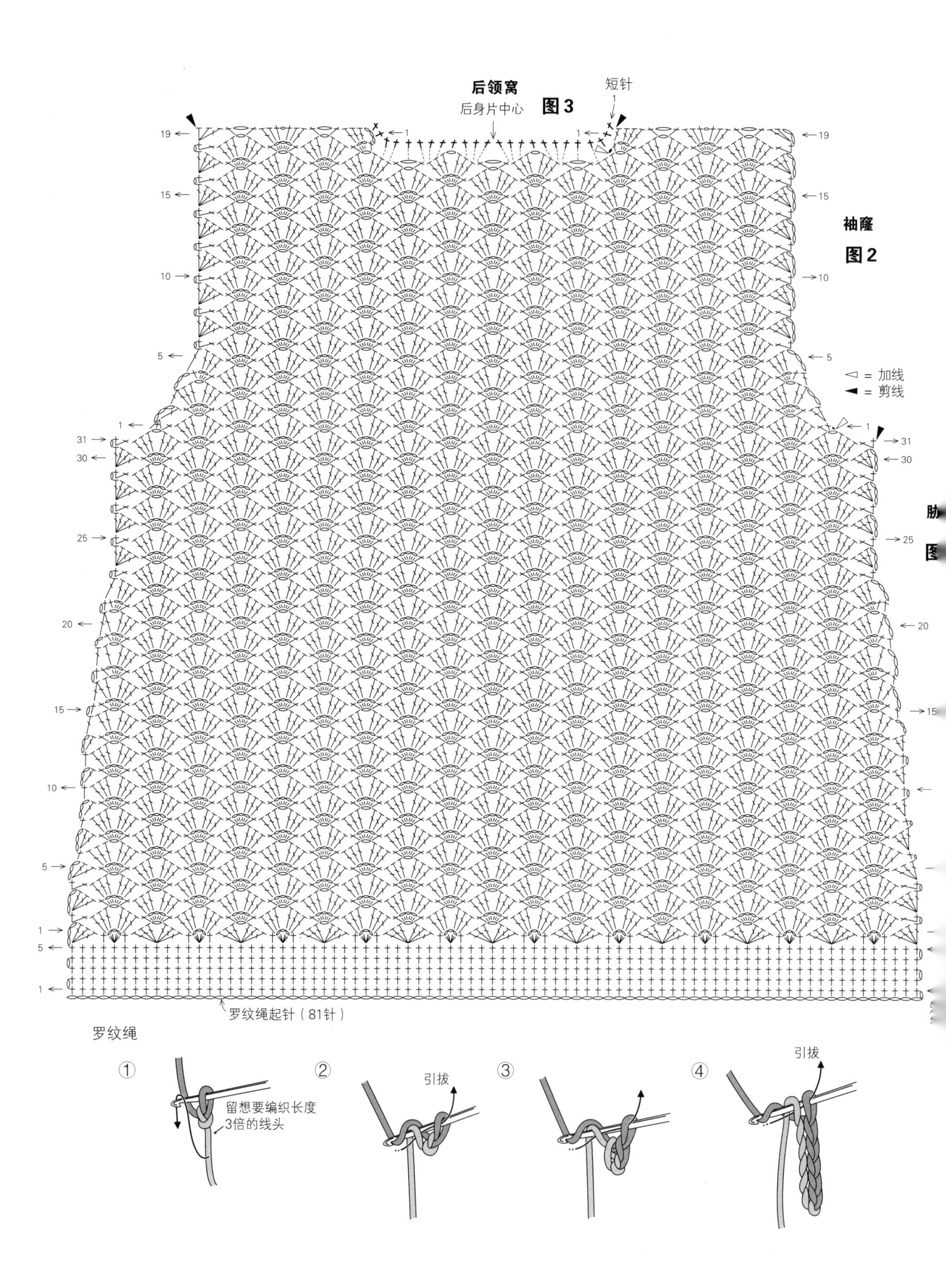
后领窝
图3
后身片中心
短针
1
19
15
10
5
1
袖窿
图2
◁ = 加线
◀ = 剪线
31
30
25
20
15
10
5
1
5
1
罗纹绳起针（81针）
罗纹绳
①
留想要编织长度
3倍的线头
②
引拔
③
④
引拔

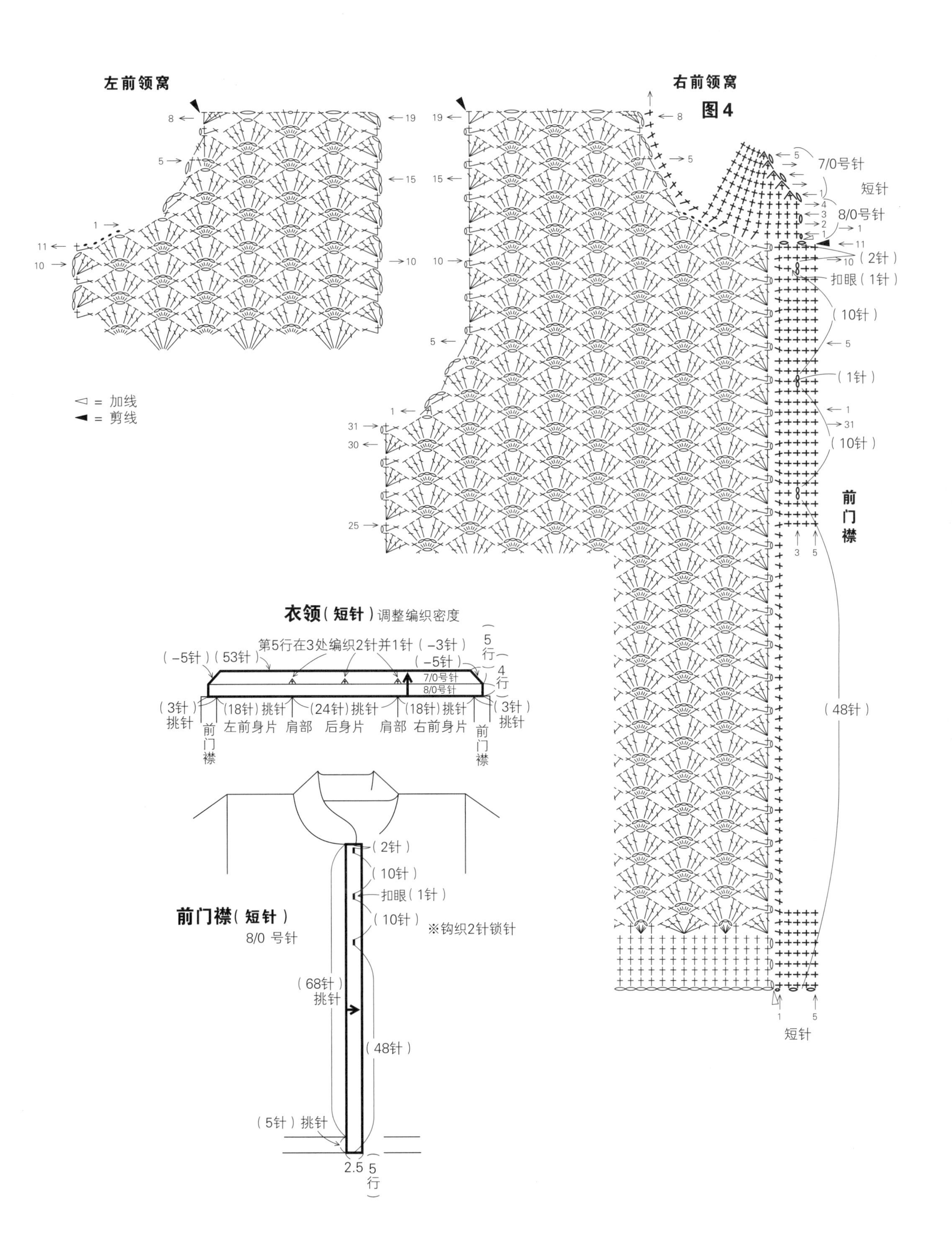

左前领窝
右前领窝
图4
7/0号针
短针
8/0号针
（2针）
扣眼（1针）
（10针）
（1针）
（10针）
前门襟
（48针）
短针
◁ = 加线
◀ = 剪线
衣领（短针）调整编织密度
第5行在3处编织2针并1针（-3针）
（-5针）（53针）
（-5针）
7/0号针
8/0号针
（5行）
（4行）
（3针）挑针
（18针）挑针
（24针）挑针
（18针）挑针
（3针）挑针
前门襟
左前身片
肩部
后身片
肩部
右前身片
前门襟
前门襟（短针）
8/0 号针
（2针）
（10针）
扣眼（1针）
（10针）
※钩织2针锁针
（68针）挑针
（48针）
（5针）挑针
2.5
（5行）

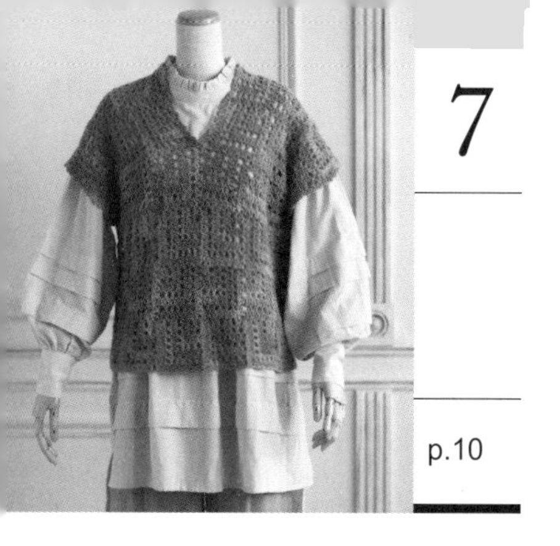

7

p.10

■材料　Ski Le Bois(中粗)粉色、草绿色系(2342) 230g/8团

■工具　钩针8/0号、7/0号

■成品尺寸　胸围108cm，衣长54cm，连肩袖长28cm

■花片大小　9cm×9cm

■编织要点　不断线，钩织连编花片。第1片花片锁针起针，挑起锁针的半针和里山钩织长针，按照图示一边在中心减针一边做7行往返编织，钩织成四边形。第2片从前一片花片挑针钩织短针，在前下摆处钩织锁针起针，按照第1片花片的方法继续钩织。只有编织起点所在的第1排花片钩织了锁针起针和短针。第2排开始按照图示钩织长针和锁针。衣领开口部分的3排左右分开钩织，然后连在一起钩织至后下摆。肋部钩织短针和锁针接合，衣领和袖口环形做边缘编织，整理形状。

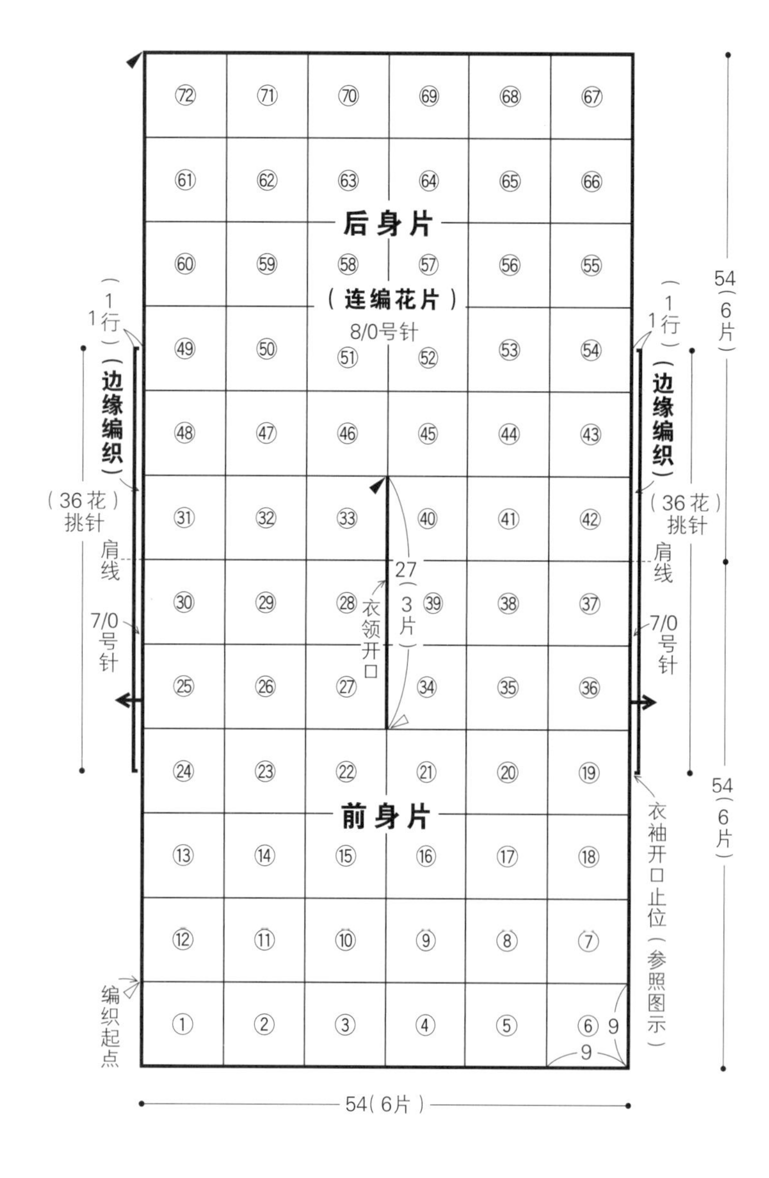

后身片
（连编花片）
8/0号针
前身片
54(6片)
27(3片)
衣领开口
1行(边缘编织)
(36花)挑针
肩线
7/0号针
衣袖开口止位（参照图示）
编织起点
9

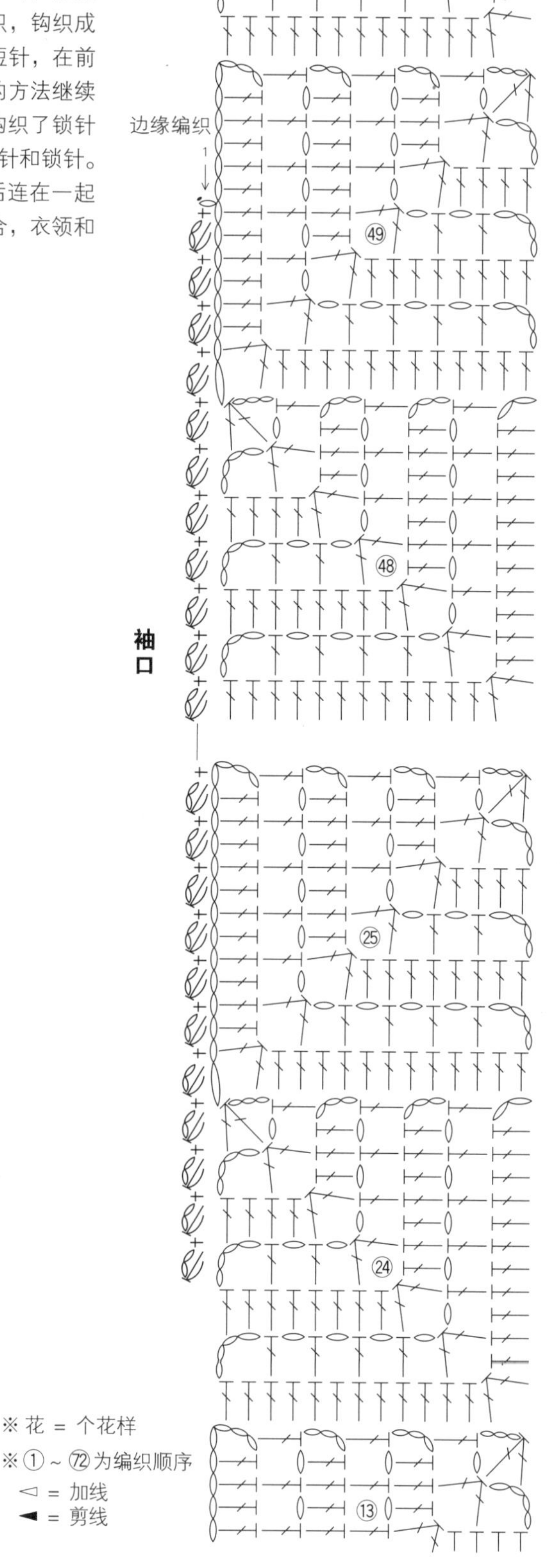

边缘编织
袖口

※花 = 个花样

※①～⑫为编织顺序

◁ = 加线

◀ = 剪线

衣领（边缘编织）7/0号针

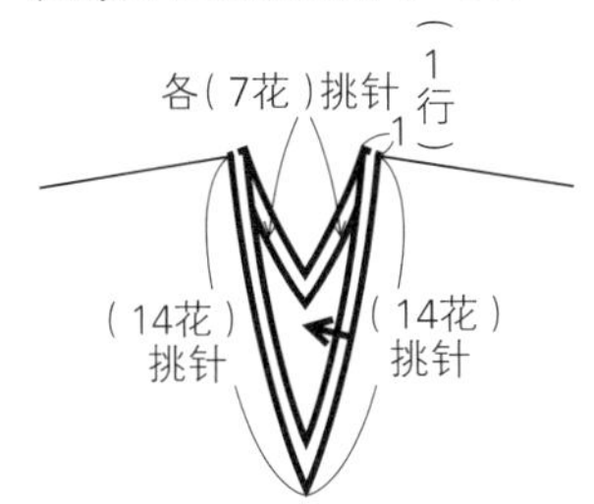
各（7花）挑针
1行
1
（14花）挑针
（14花）挑针

边缘编织

1
1个花样

连编花片的编织方法

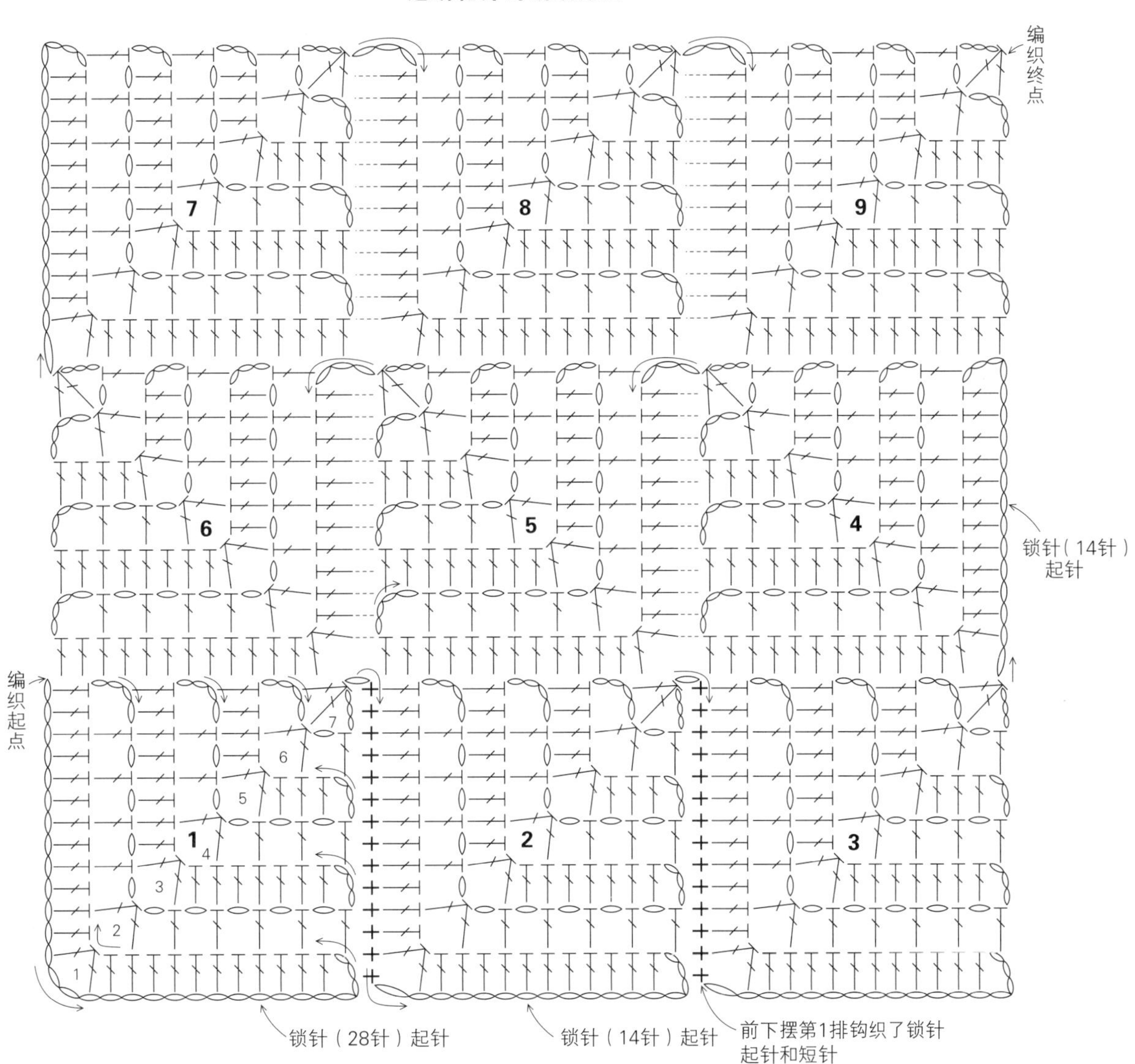
编织终点
7
8
9
6
5
4
锁针（14针）起针
编织起点
1
2
3
锁针（28针）起针
锁针（14针）起针
前下摆第1排钩织了锁针起针和短针

※ **1**～**9** 表示编织顺序

10

p.14

■**材料**　Ski Tasmanian Polwarth（粗）浅灰色（7003）190g/5团

■**工具**　棒针5号、4号

■**成品尺寸**　胸围96cm，肩宽37.5cm，衣长52cm

■**编织密度**　10cm×10cm面积内：编织花样24针，34行

■**编织要点**　身片另线锁针起针，按照图示做编织花样。袖窿和后领窝减针时，2针及以上时做伏针减针，1针时立起侧边1针减针。前领窝中央51针编织伏针，两侧各编织1针卷针加针，编织至肩部。下摆解开起针挑针，平均加针做边缘编织A，编织终点做单罗纹针收针。肩部做盖针接合。衣领环形做边缘编织A'，前身片2处角部立起针目减针，编织终点做单罗纹针收针。胁部使用毛线缝针做挑针缝合，袖窿环形编织单罗纹针，编织终点做单罗纹针收针。

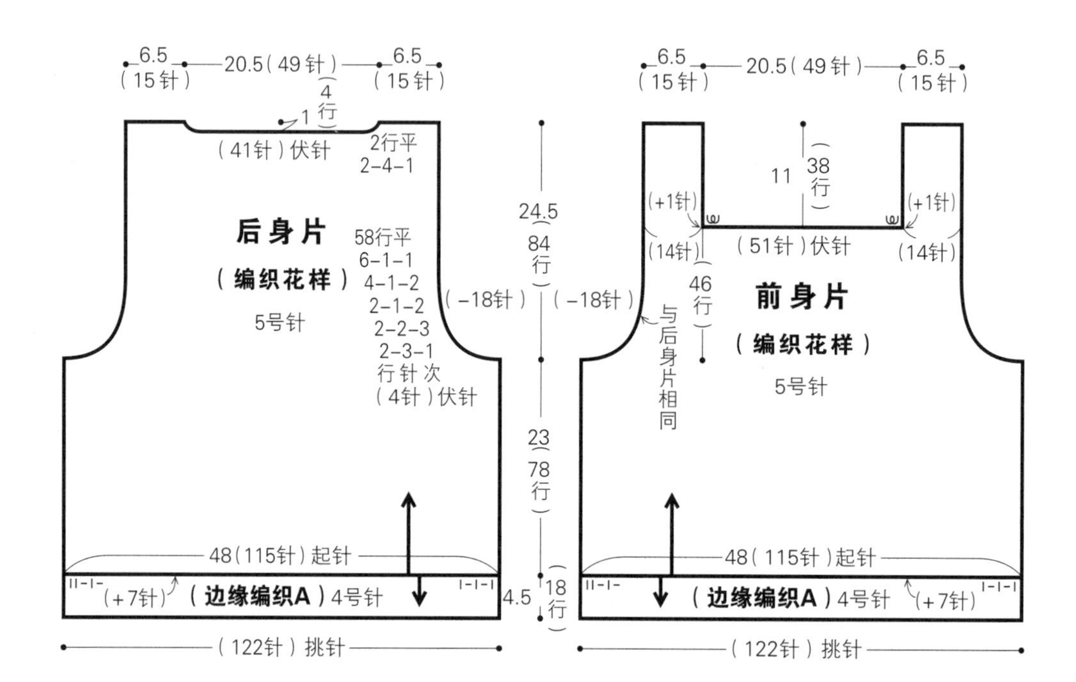

6.5（15针）
20.5（49针）
6.5（15针）
4行
1
（41针）伏针
2行平
2-4-1
后身片
（编织花样）
5号针
58行平
6-1-1
4-1-2
2-1-2
2-2-3
2-3-1
行针次
（4针）伏针
（-18针）
24.5
84行
23
78行
4.5
18行
48（115针）起针
（边缘编织A）4号针
（+7针）
（122针）挑针
11
38行
（+1针）
（14针）
（51针）伏针
46行
与后身片相同
前身片
（编织花样）
5号针

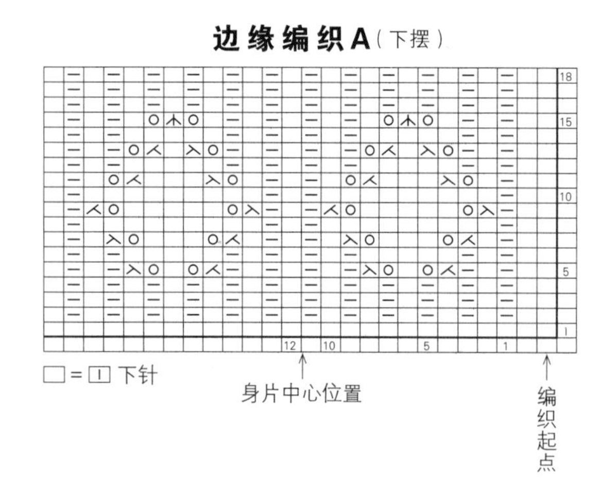

边缘编织A（下摆）
□=□ 下针
身片中心位置
编织起点

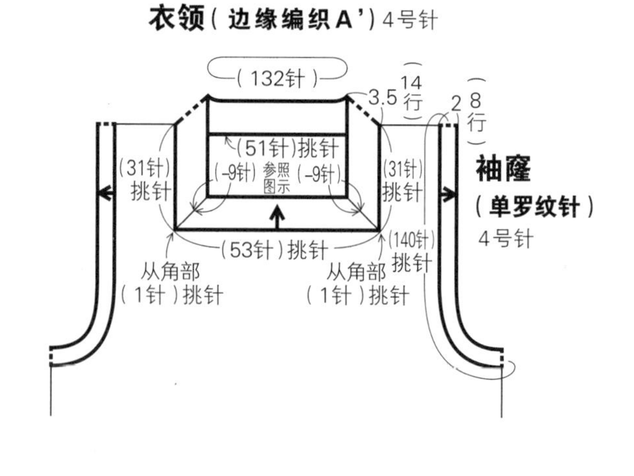

衣领（边缘编织A'）4号针
（132针）
3.5
14行
2
8行
（51针）挑针
（-9针）参照图示（-9针）
（31针）挑针
（53针）挑针
从角部（1针）挑针
（140针）挑针
袖窿
（单罗纹针）
4号针

边缘编织A'

衣领前角的减针方法

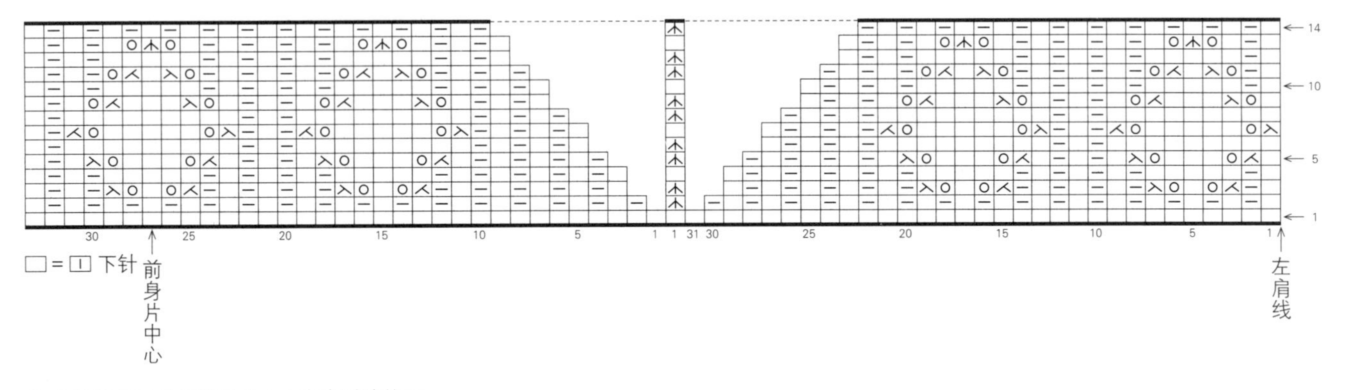

14
10
5
1
30
25
20
15
10
5
1
1
31
30
25
20
15
10
5
1
□ = □ 下针
前身片中心
左肩线

※ 衣领编织花样从前身片中心左右对称编织

编织花样

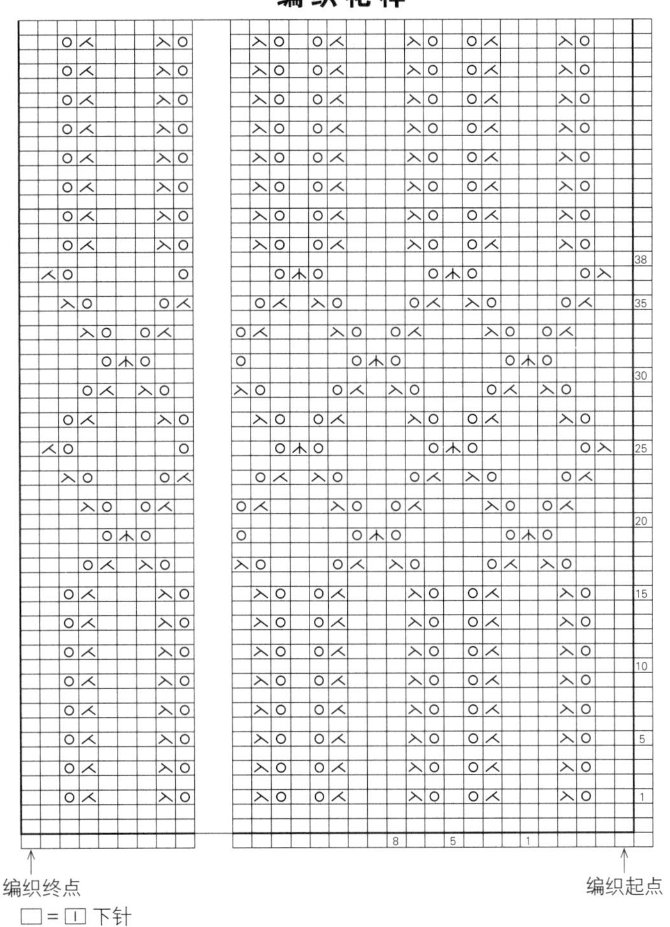

38
35
30
25
20
15
10
5
1
8
5
1
编织终点
编织起点
□ = □ 下针

单罗纹针（袖窿）

8
5
1
2 1

□ = □ 下针

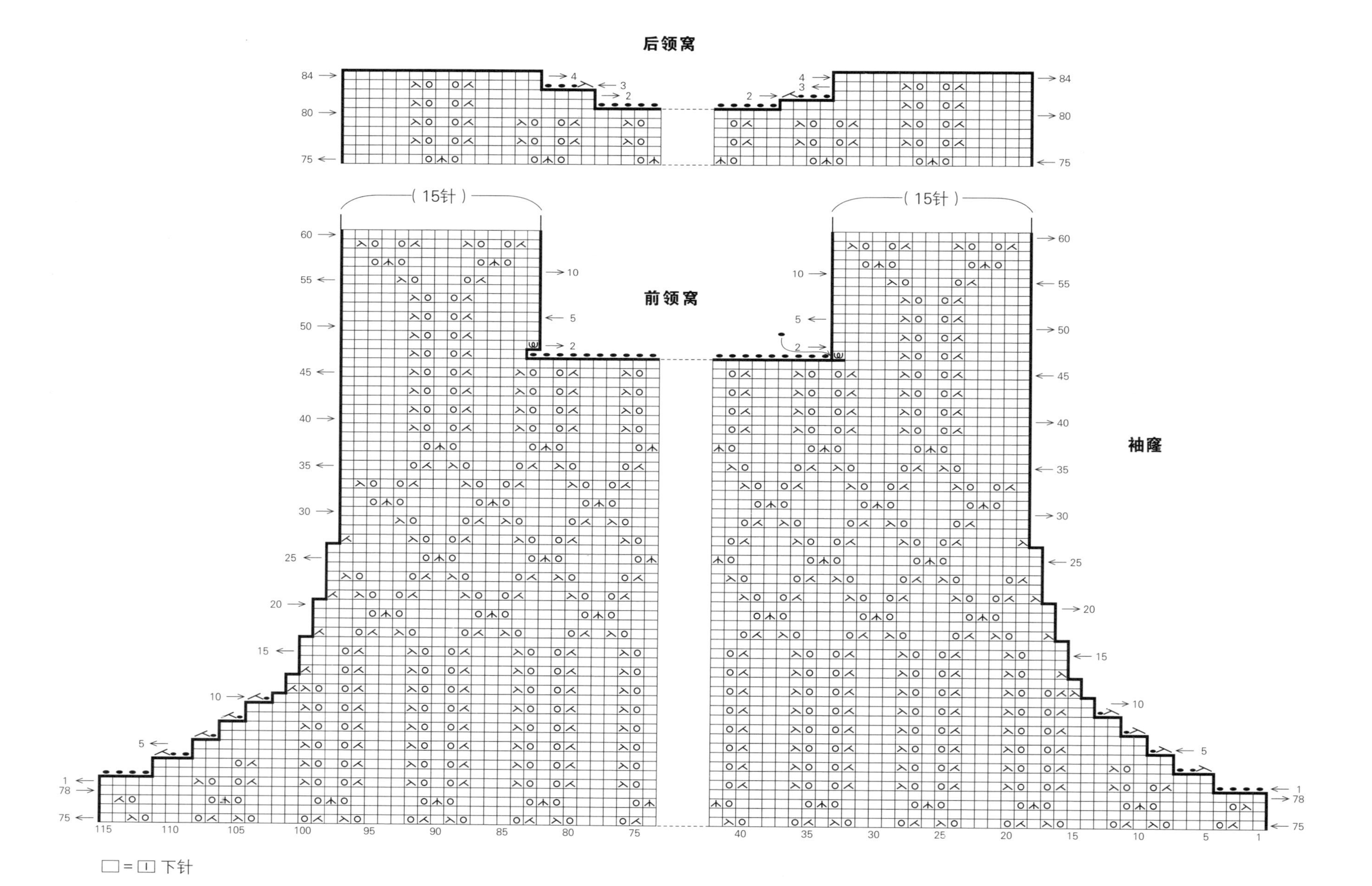
后领窝
前领窝
袖窿
（15针）
（15针）
□=□ 下针

5

p.7

■材料　Ski Trueno（粗）米色系段染（2711）285g/10团

■工具　棒针6号、4号

■成品尺寸　胸围98cm，衣长55.5cm，连肩袖长62cm

■编织密度　10cm×10cm面积内：下针编织23针，29行；编织花样23针，31行

■编织要点　前后身片手指起针，环形做编织花样。编织19行后，做74行下针编织，然后在后身片往返编织10行形成前后差，最后休针。衣袖也和身片相同，不加减针地做环形编织。育克从前后身片和衣袖的休针挑针，一边分散减针，一边做编织花样。衣领编织起伏针，编织终点做伏针收针。对齐相同标记，用毛线缝针做下针的无缝缝合，或者做对齐针与行的缝合。

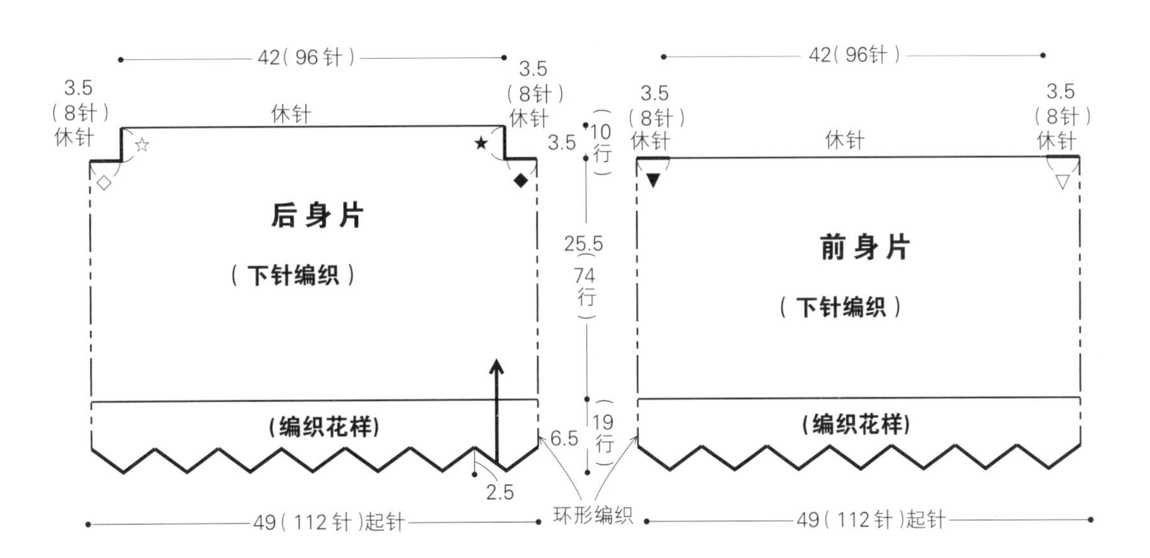

42（96针）
3.5（8针）休针
休针
3.5（8针）休针
3.5
10行
后身片
（下针编织）
25.5
74行
（编织花样）
6.5
19行
2.5
49（112针）起针
环形编织
42（96针）
3.5（8针）休针
休针
3.5（8针）休针
前身片
（下针编织）
（编织花样）
49（112针）起针

※除指定以外均用6号针编织

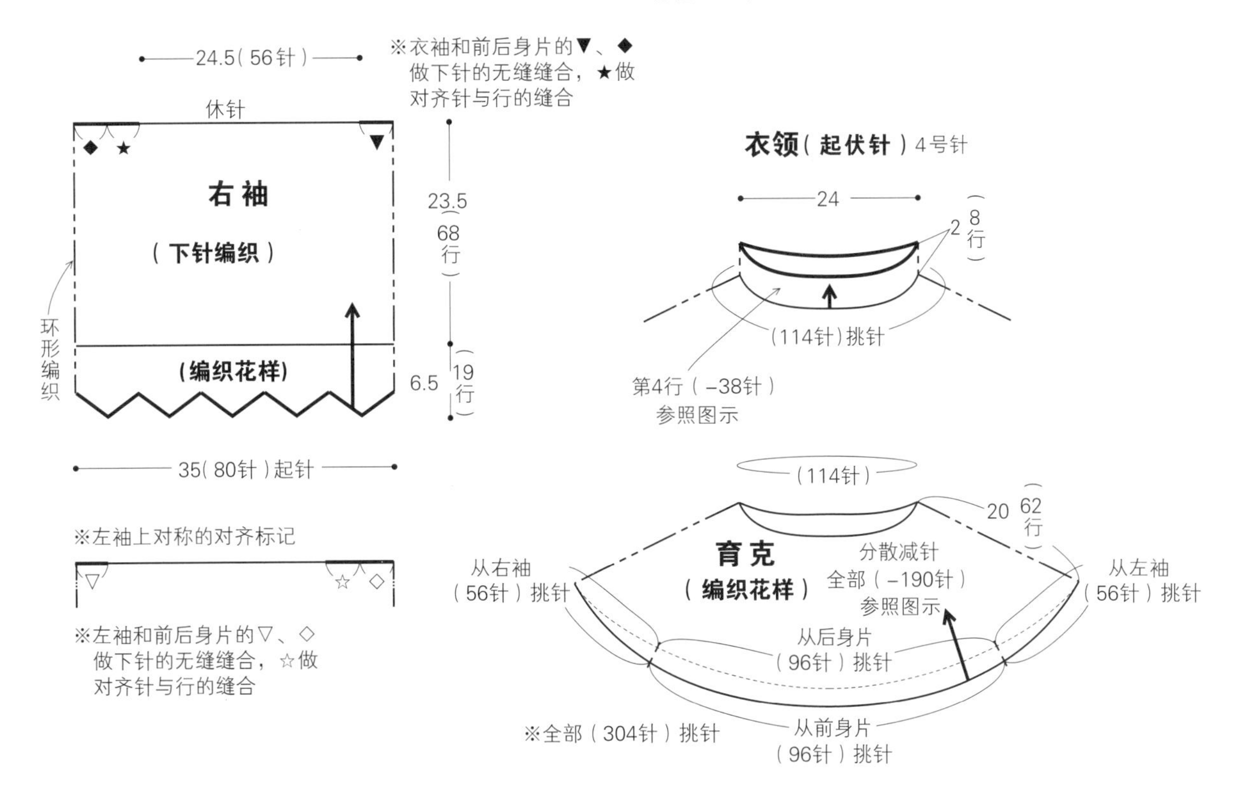

24.5（56针）
※衣袖和前后身片的▼、◆做下针的无缝缝合，★做对齐针与行的缝合
休针
右袖
（下针编织）
23.5
68行
环形编织
（编织花样）
6.5
19行
35（80针）起针
※左袖上对称的对齐标记
※左袖和前后身片的▽、◇做下针的无缝缝合，☆做对齐针与行的缝合
衣领（起伏针）4号针
24
2
8行
（114针）挑针
第4行（−38针）参照图示
（114针）
20
62行
育克
（编织花样）
分散减针
全部（−190针）参照图示
从右袖（56针）挑针
从左袖（56针）挑针
从后身片（96针）挑针
从前身片（96针）挑针
※全部（304针）挑针

身片、育克、衣领的编织方法

后身片

从右袖（56针）挑针

前身片中心

从前身片（96针）挑

后身片(96针)

★（10行）

◆(8针)

▼(8针)

前身片中心

前身片（96

140 135 130 125 120 115 113 112 110 105 100 95

60 55 50 45

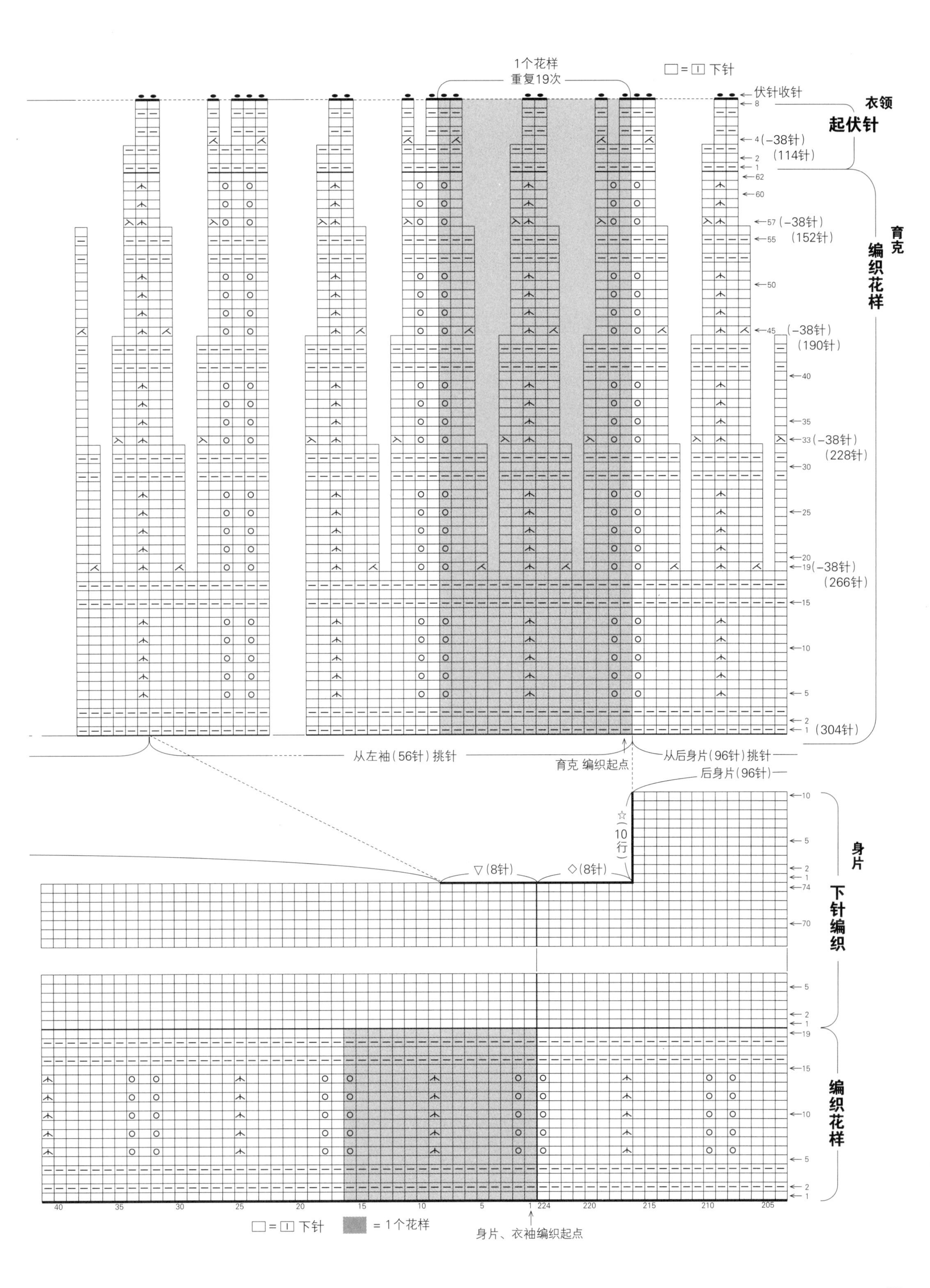

1个花样
重复19次
□=⊡ 下针
伏针收针
衣领
起伏针
4(−38针)
(114针)
57(−38针)
(152针)
育克
编织花样
45(−38针)
(190针)
33(−38针)
(228针)
19(−38针)
(266针)
(304针)
从左袖(56针)挑针
育克 编织起点
从后身片(96针)挑针
后身片(96针)
☆(10行)
▽(8针)
◇(8针)
身片
下针编织
编织花样
□=⊡ 下针
= 1个花样
身片、衣袖编织起点

11

p.15

■**材料** Ski Luno（粗）蓝色（7210）270g/9团

■**工具** 钩针6/0号

■**成品尺寸** 胸围102cm，衣长50.5cm，连肩袖长27cm

■**编织密度** 10cm×10cm面积内：编织花样28.5针，12行

■**编织要点** 前后身片编织相同的2片，不加减针，编织成四边形。从下摆处锁针起针，挑起锁针的半针和里山，做编织花样。前后身片编织好后，正面相对对齐，肩部钩织短针和锁针接合，钩织短针时，挑起身片锁针的半针和里山。胁部钩织引拔针和锁针接合至衣袖开口止位。下摆做边缘编织A，衣领做边缘编织B，袖口做边缘编织C，分别做环形编织。

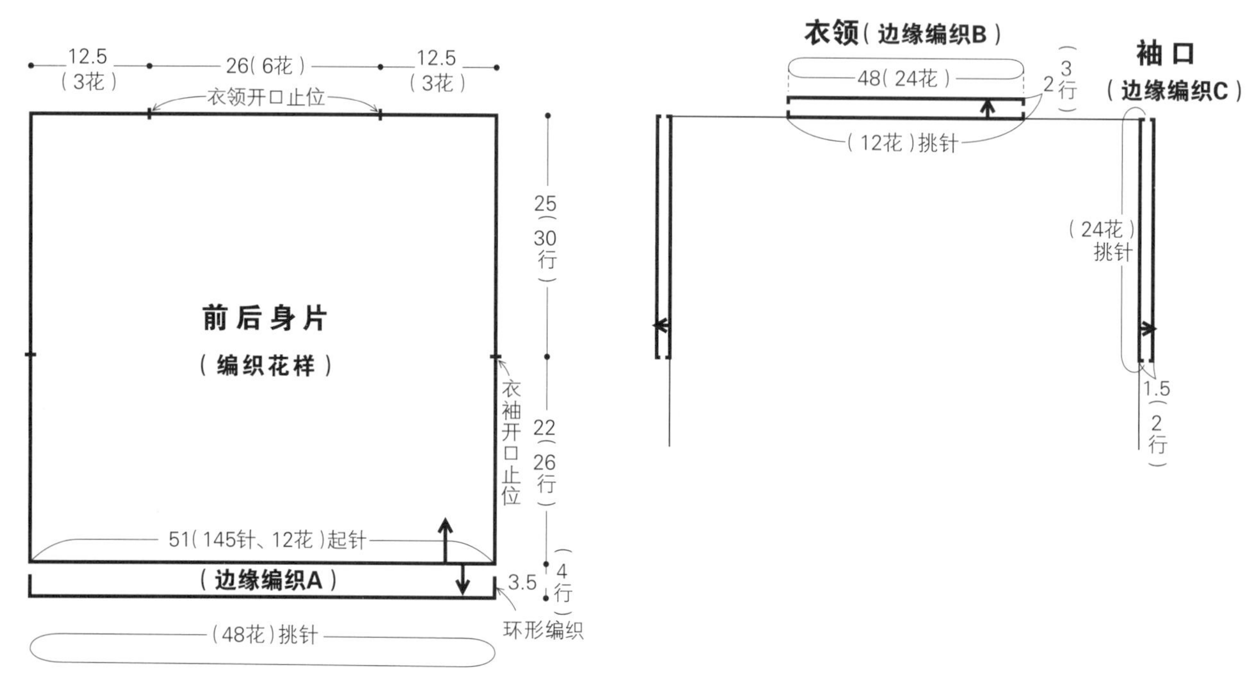

12.5（3花）
26（6花）
12.5（3花）
衣领开口止位
前后身片
（编织花样）
25（30行）
22（26行）
衣袖开口止位
51（145针、12花）起针
（边缘编织A）
3.5（4行）
（48花）挑针
环形编织
衣领（边缘编织B）
48（24花）
2（3行）
（12花）挑针
袖口
（边缘编织C）
（24花）挑针
1.5（2行）

※ 全部使用6/0号针

※ 花 = 个花样

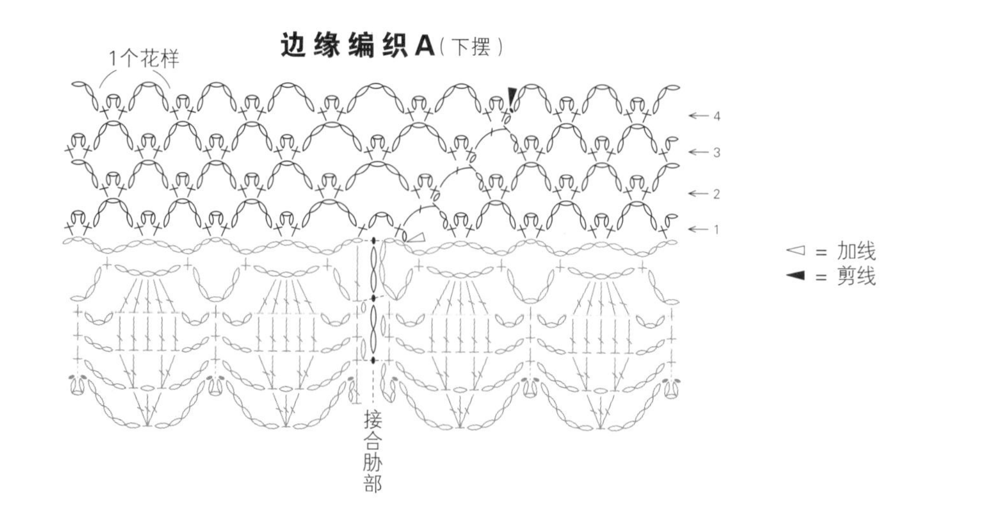

边缘编织A（下摆）
1个花样
接合胁部
◁ = 加线
◀ = 剪线

编织花样

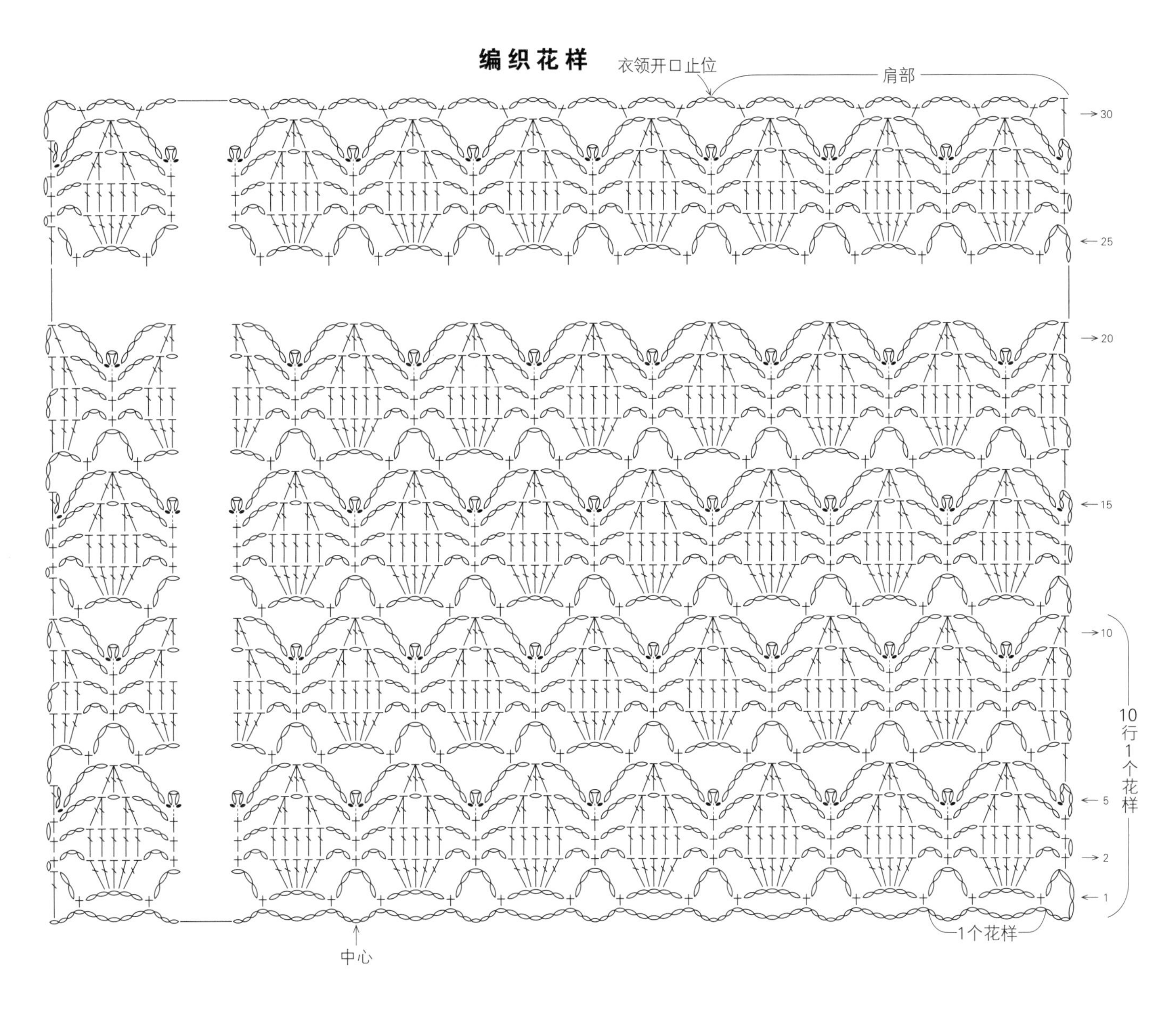

衣领开口止位
肩部
30
25
20
15
10
5
2
1
10行1个花样
1个花样
中心

3针长针并1针

将钩针插入锁针的里山，钩织1针未完成的长针。

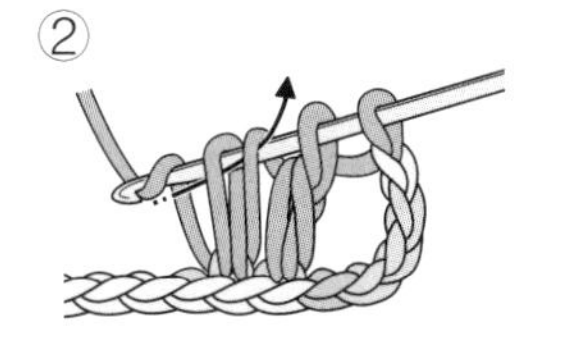

再挑起第2针、第3针锁针的里山，继续钩织未完成的长针。

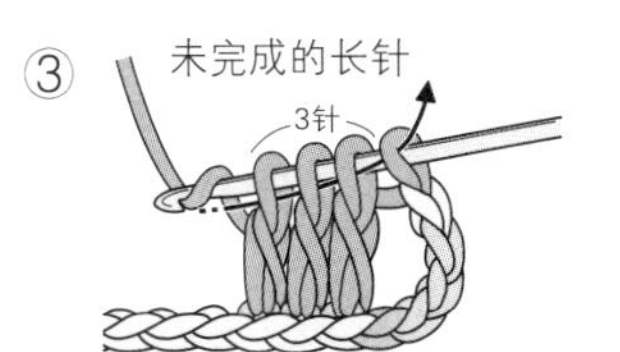

未完成的长针
3针

钩针挂线，从钩针上的4个线圈中一次性引拔出。

3针长针并1针完成了。

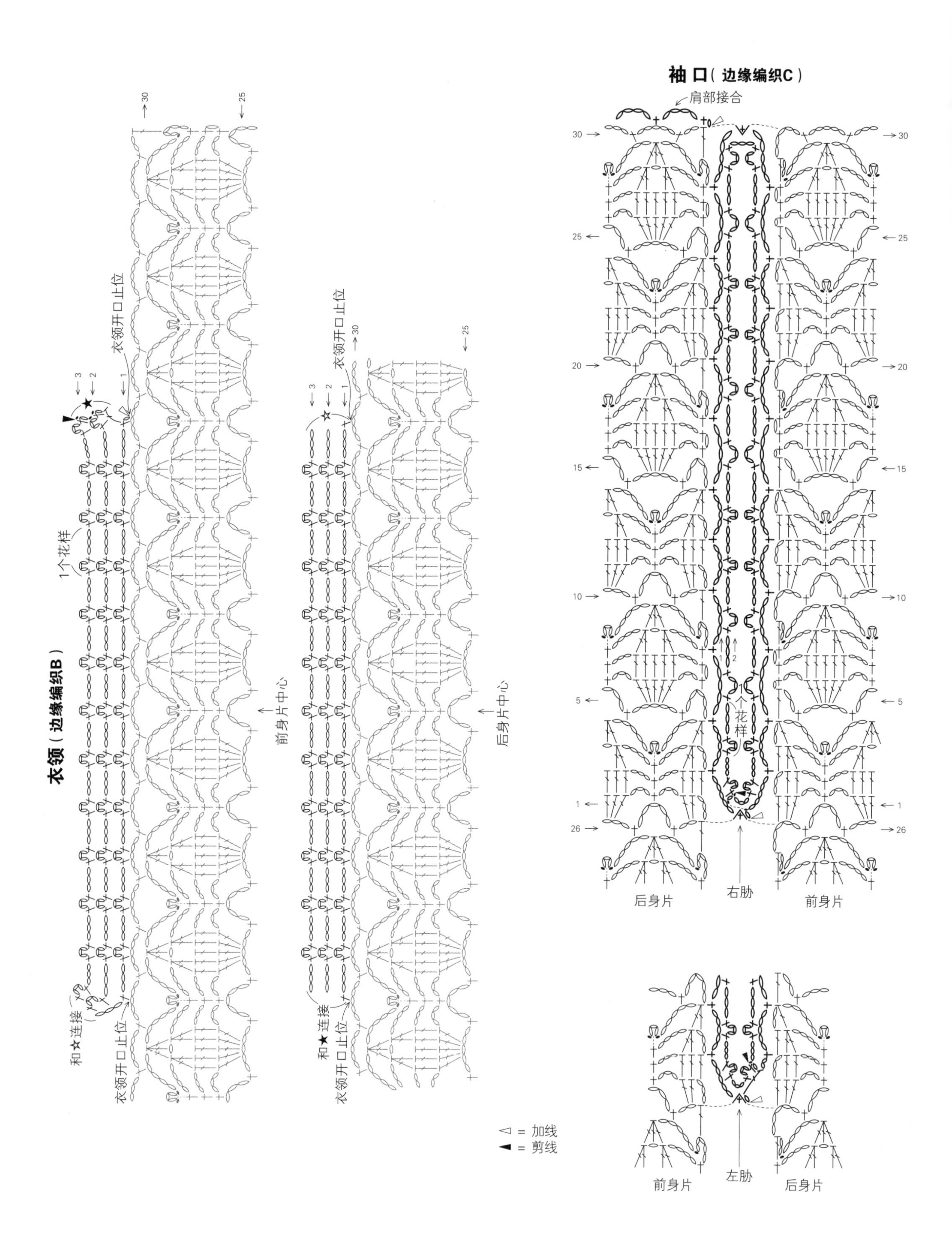
衣领（边缘编织B）
1个花样
衣领开口止位
和☆连接
衣领开口止位
前身片中心
和★连接
后身片中心
袖口（边缘编织C）
肩部接合
1个花样
后身片
右肋
前身片
前身片
左肋
后身片
◁ = 加线
◀ = 剪线

8

p.11

■**材料** Ski Allegro（粗）红色系（2855）290g/10团

■**工具** 钩针6/0号

■**成品尺寸** 衣长49.5cm

■**编织密度** 编织花样的1个花样7.5cm，4.8行10cm

■**编织要点** 在后身片中心锁针起针，挑起锁针的半针和里山做编织花样，不加减针，编织右身片。钩织衣袖开口部分时，衣领和下摆分开编织，最后不剪线休针。从起针挑针，左身片按照相同方法钩织，然后继续做下摆的边缘编织。用休针的右侧线钩织衣领的边缘。衣袖从衣袖开口反面挑针钩织短针，往返做编织花样，袖下钩织引拔针和锁针接合。

前后身片

（编织花样）

左

23（11行）

衣袖挑针起点

21（10行）

衣袖开口A

（150花）挑针

33.5（4.5花）

15（2花）

65（31行）

（边缘编织）

21（10行）

下摆

衣领

0.5（1行）

（6.5花）挑针

48.5（110针、6.5花）起针

后身片中心

0.5（1行）

21（10行）

33.5（4.5花）

15（2花）

21（10行）

衣袖开口B

右

65（31行）

衣袖挑针起点

（150花）挑针

23（11行）

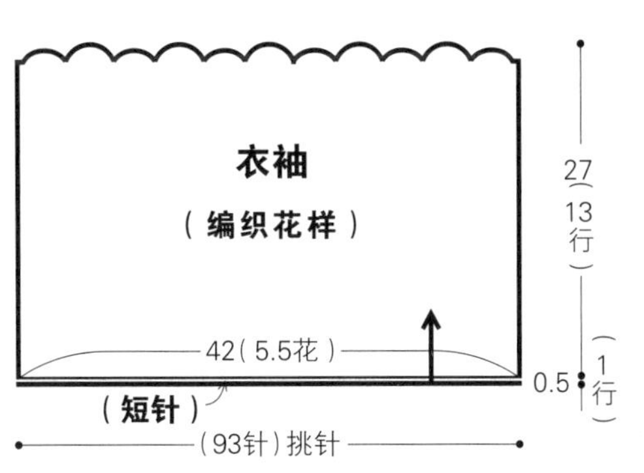
衣袖
（编织花样）
27（13行）
42（5.5花）
0.5
1行
（短针）
（93针）挑针

※ 衣袖看着身片反面挑针

边缘编织

1个花样

※ 全部使用6/0号针钩织

※ 花 = 个花样

编织花样

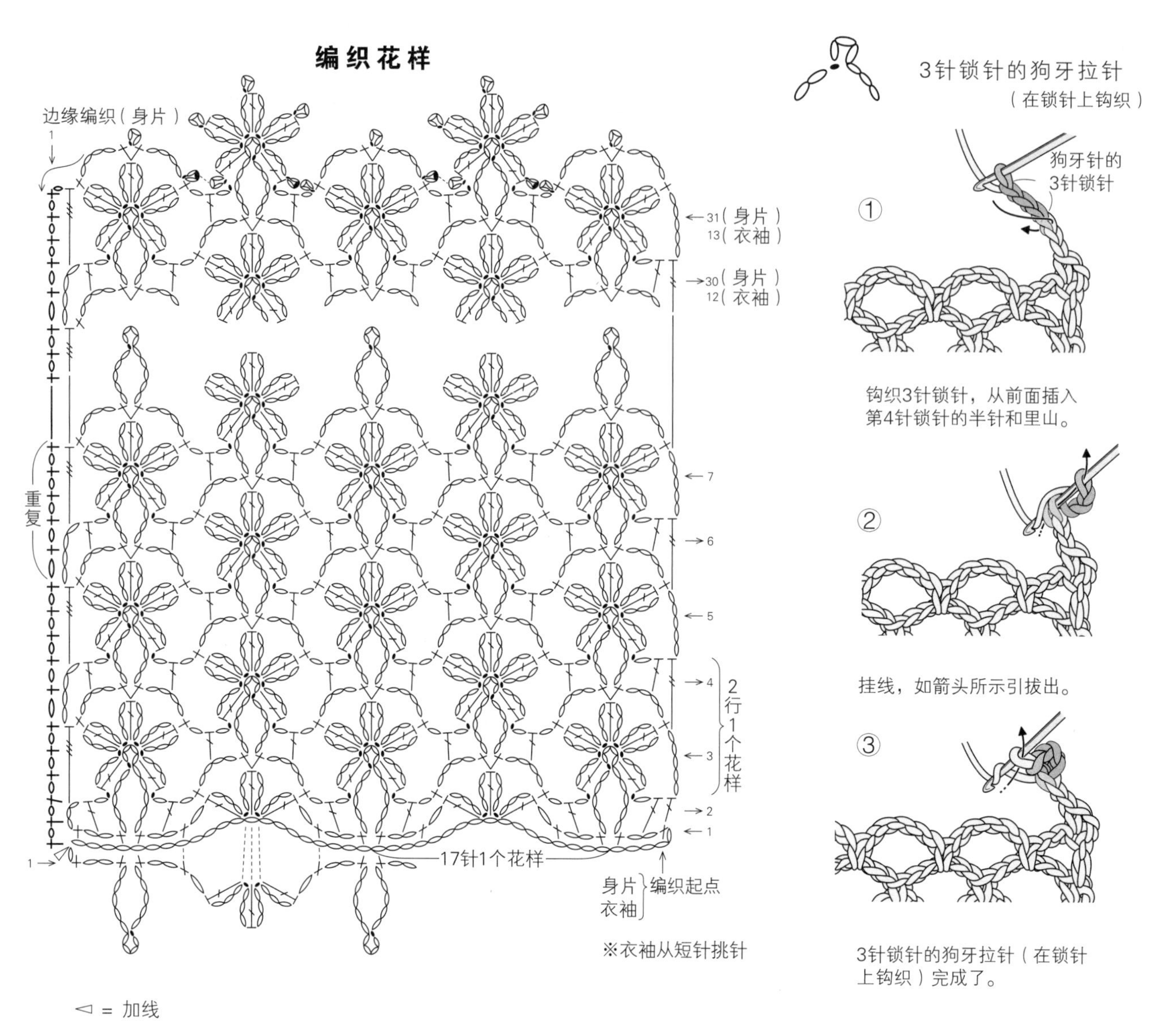

边缘编织（身片）
1
重复
31（身片）
13（衣袖）
30（身片）
12（衣袖）
7
6
5
4
3
2
1
2行1个花样
1
17针1个花样
身片
衣袖
编织起点
※衣袖从短针挑针
◁ = 加线
3针锁针的狗牙拉针
（在锁针上钩织）
①
狗牙针的3针锁针
②
③

钩织3针锁针，从前面插入第4针锁针的半针和里山。

挂线，如箭头所示引拔出。

3针锁针的狗牙拉针（在锁针上钩织）完成了。

衣袖开口B的编织方法

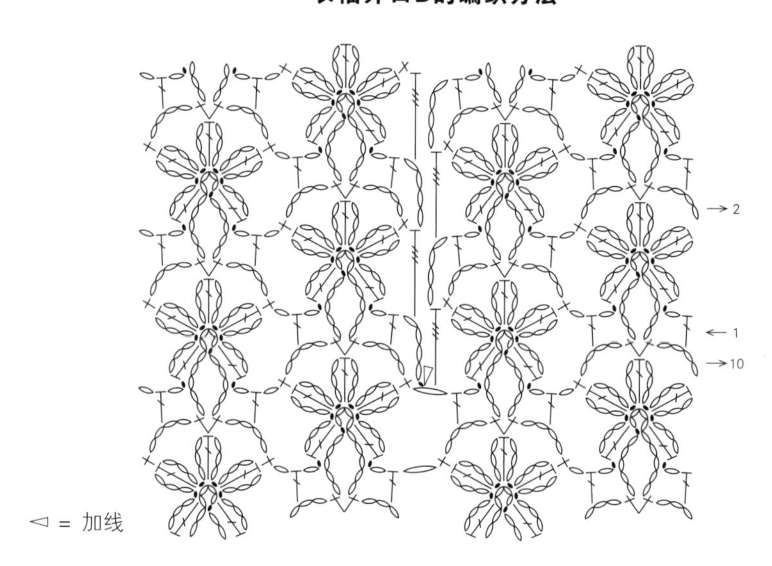

2
1
10
◁ = 加线

衣袖开口A的编织方法和衣袖的挑针

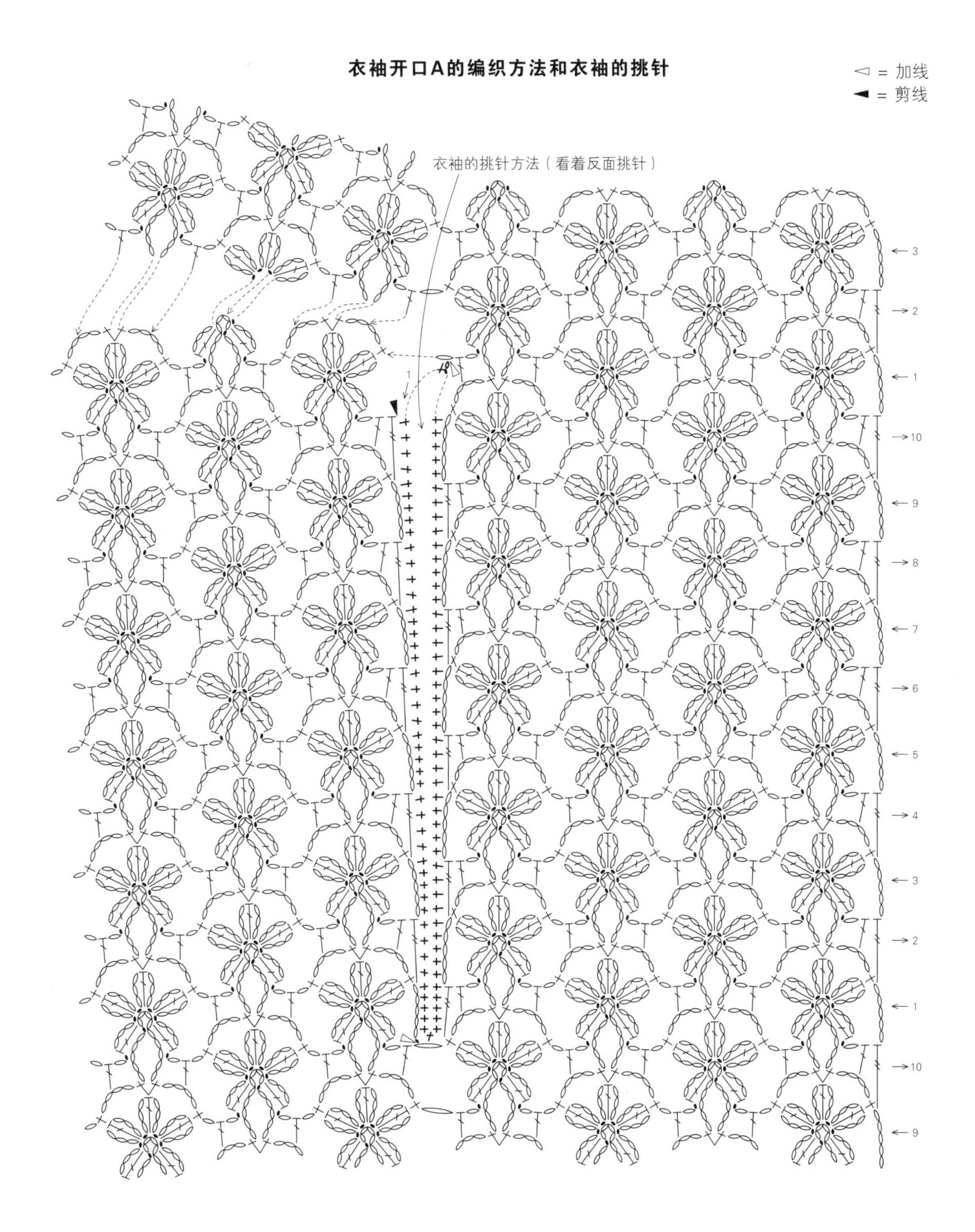

◁ = 加线
◀ = 剪线
衣袖的挑针方法（看着反面挑针）
3
2
1
10
9
8
7
6
5
4
3
2
1
10
9

24

p.30

■材料 Ski Lana Melange（粗）a：橙色系（2825）70g/3团、绿色系（2823）30g/1团
b：藏青色系（2826）70g/3团、粉色系（2821）30g/1团

■工具 棒针8号

■成品尺寸 宽19.5cm，长132cm

■编织密度 10cm×10cm面积内：条纹花样21针，28行

■编织要点 手指起针编织起伏针，然后做条纹花样。两端编织3针起伏针，用配色线缠住端头继续编织。编织终点休针，编织相同的2片，将休针对齐做盖针接合。

休针

（条纹花样）
2片

65
182行

19.5（41针）

（起伏针）

（41针）起针

1 4行

条纹花样

起伏针

41 40 35 30 25 20 15 10 5 1

□=□ 下针

配色

	a	b
□ =	橙色系	藏青色系
■ =	绿色系	粉色系

※全部使用8号针编织

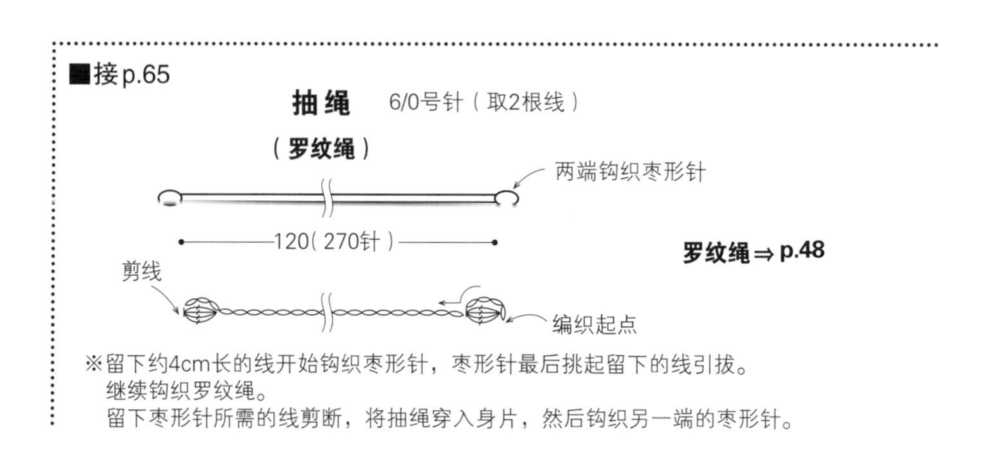

■接p.65
抽绳 6/0号针（取2根线）
（罗纹绳）
两端钩织枣形针
120（270针）
罗纹绳⇒p.48
剪线
编织起点
※留下约4cm长的线开始钩织枣形针，枣形针最后挑起留下的线引拔。
继续钩织罗纹绳。
留下枣形针所需的线剪断，将抽绳穿入身片，然后钩织另一端的枣形针。

9
p.13

■材料　Ski 风花（中细）灰蓝色（2016）255g/9团

■工具　棒针4号，钩针3/0号、5/0号、6/0号

■成品尺寸　胸围96cm，衣长62.5cm，连肩袖长24.5cm

■编织密度　10cm×10cm面积内：编织花样A 28针，34行；编织花样B 30针，32.5行

■编织要点　下摆使用5/0号钩针在4号棒针上起针，编织起伏针。左右7针继续编织起伏针，平均扭针加针做编织花样B。在图示位置减针，换为编织花样A，从袖口开口止位开始左右7针换为起伏针。领窝周围换为起伏针，衣领开口编织伏针。肩部做盖针接合，胁部使用毛线缝针做挑针缝合至袖口开口止位和开衩止位。下摆和开衩、衣领、袖口做边缘编织，将连接枣形针的罗纹绳穿入编织花样的孔中，然后在另一端编织枣形针。

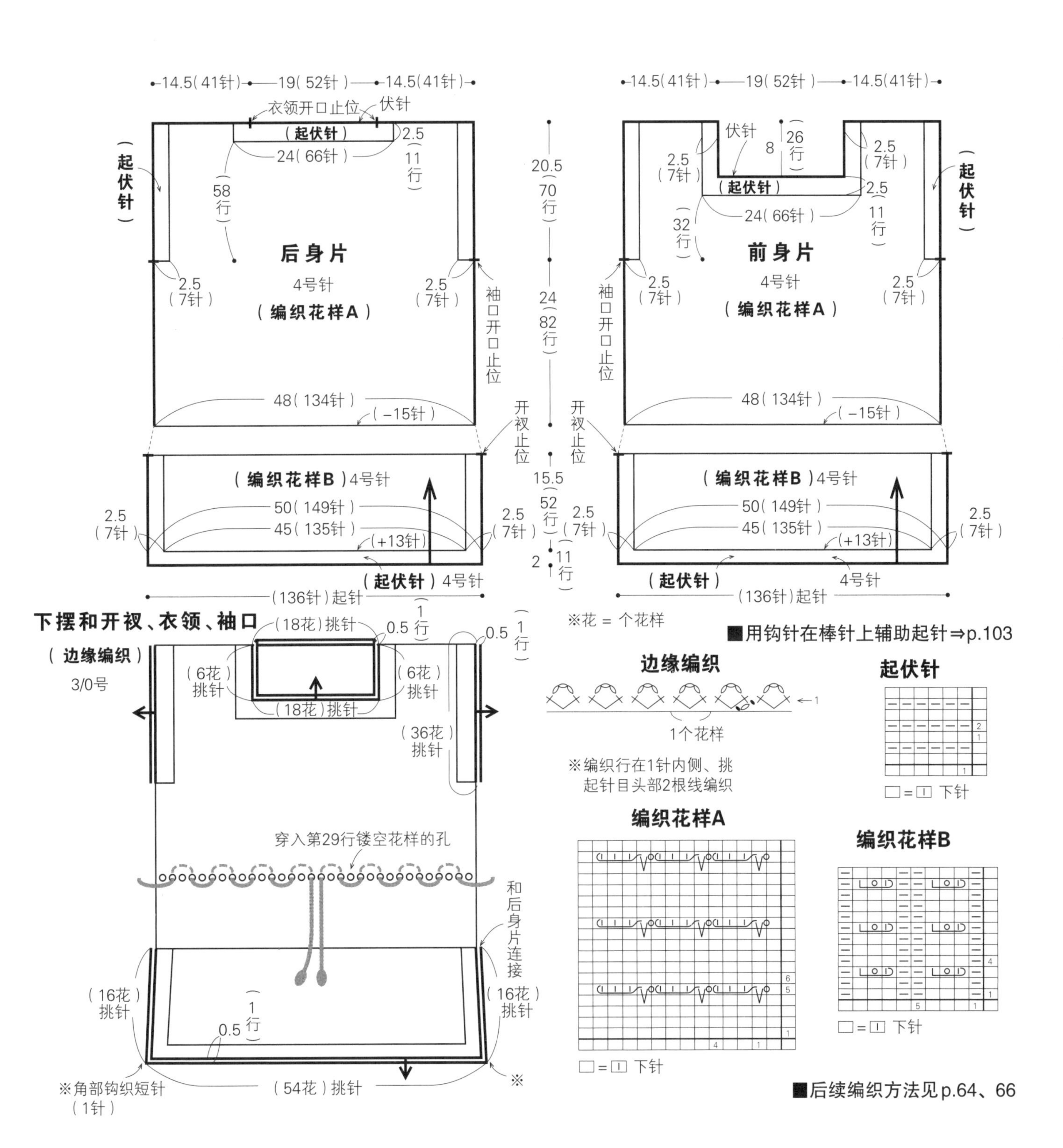
14.5(41针)
19(52针)
14.5(41针)
衣领开口止位
伏针
(起伏针)
2.5
11行
24(66针)
58行
(起伏针)
后身片
4号针
(编织花样A)
2.5(7针)
袖口开口止位
48(134针)
(-15针)
开衩止位
(编织花样B)4号针
50(149针)
45(135针)
(+13针)
(起伏针)4号针
(136针)起针
20.5
70行
24
82行
15.5
52行
2
11行
伏针
8
26行
2.5(7针)
(起伏针)
32行
前身片
(编织花样A)
※花＝个花样
■用钩针在棒针上辅助起针⇒p.103
下摆和开衩、衣领、袖口
(边缘编织)
3/0号
(18花)挑针
0.5
1行
(6花)挑针
(36花)挑针
穿入第29行镂空花样的孔
和后身片连接
(16花)挑针
(54花)挑针
※角部钩织短针(1针)
边缘编织
1个花样
※编织行在1针内侧、挑起针目头部2根线编织
起伏针
□=□ 下针
编织花样A
编织花样B
■后续编织方法见p.64、66

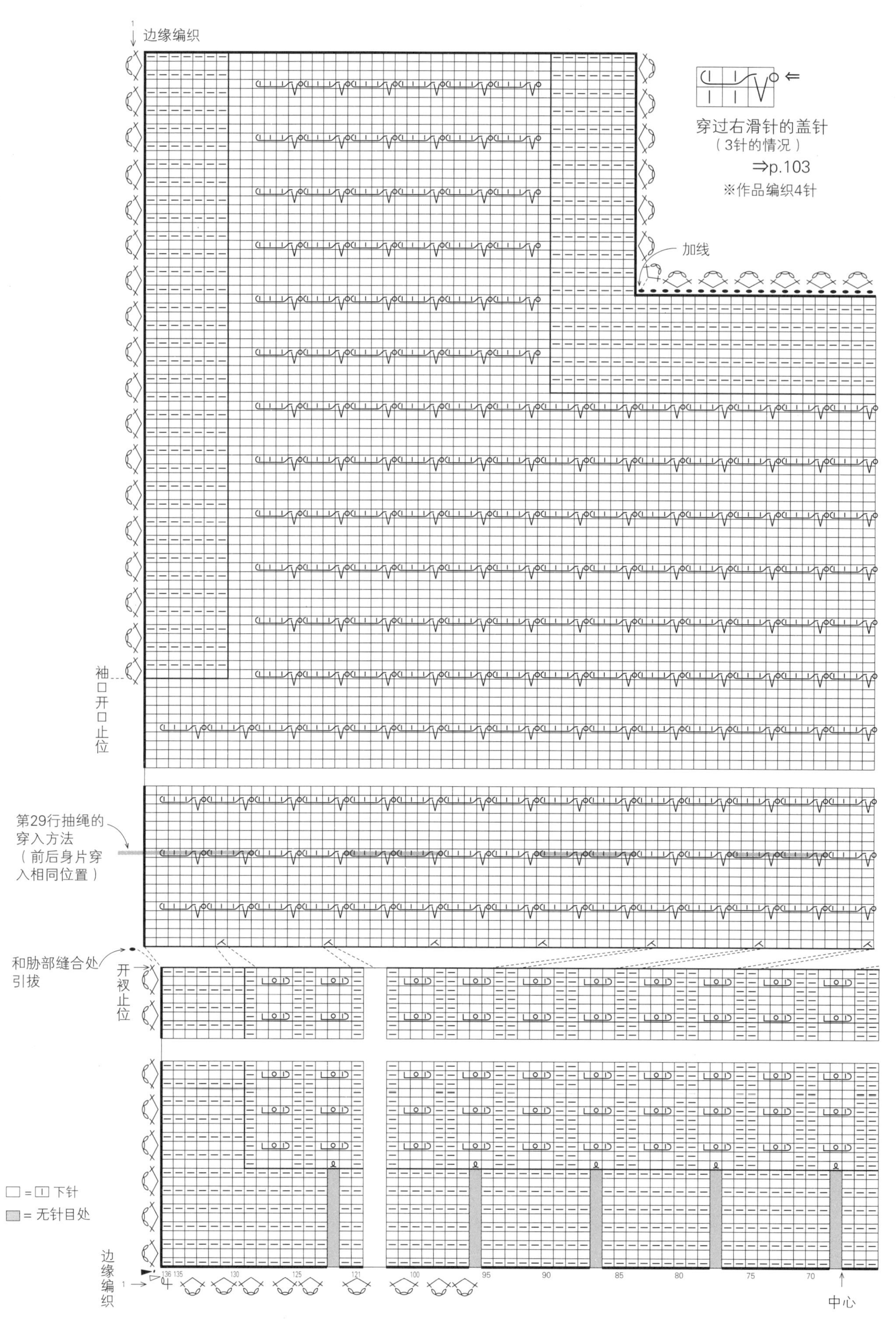

边缘编织
穿过右滑针的盖针
（3针的情况）
⇒p.103
※作品编织4针
加线
袖口开口止位
第29行抽绳的穿入方法
（前后身片穿入相同位置）
和肋部缝合处引拔
开衩止位
□ = ⊡ 下针
▒ = 无针目处
边缘编织
136 135
130
125
121
100
95
90
85
80
75
70
中心

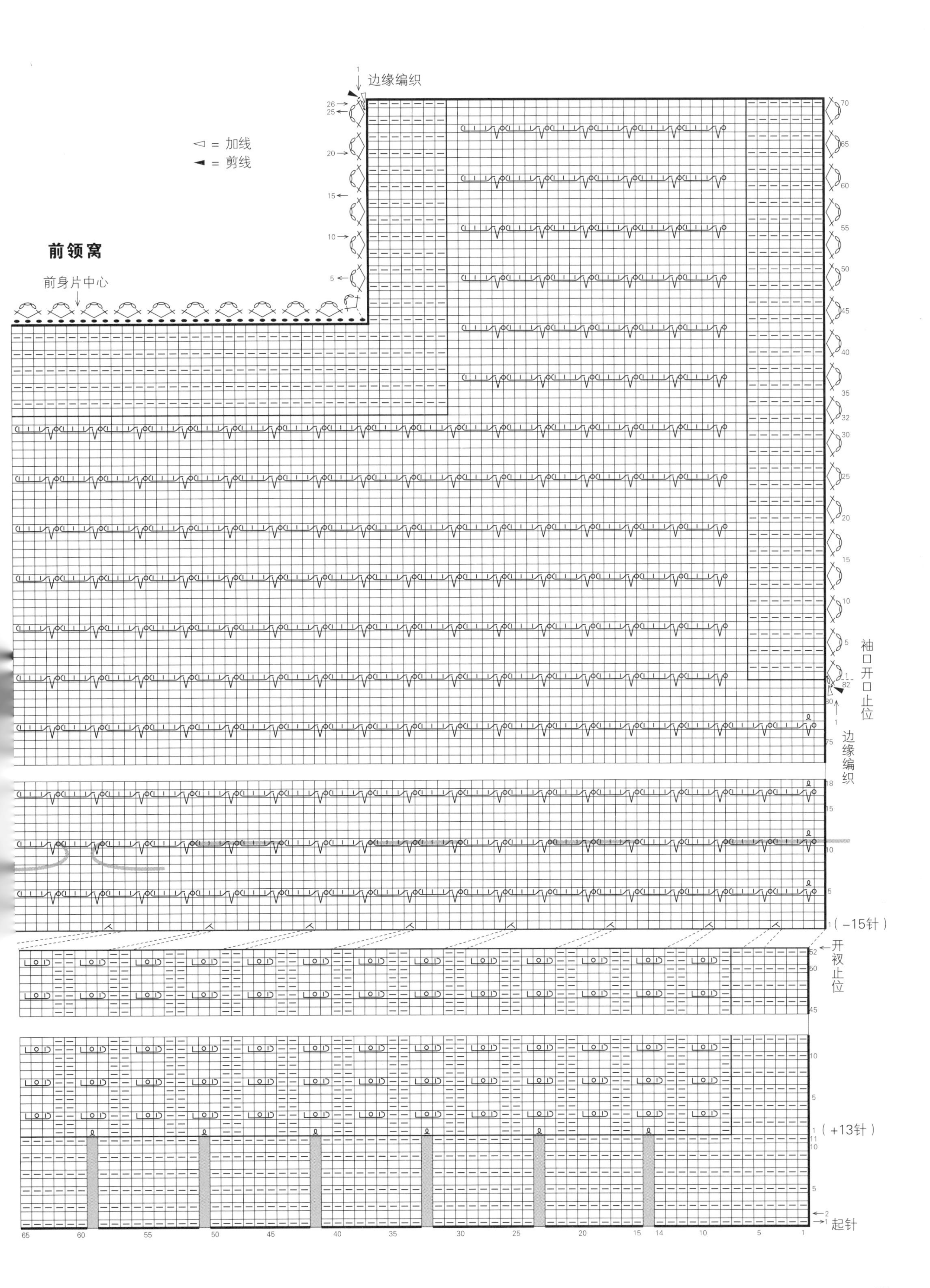

边缘编织
◁ = 加线
◀ = 剪线
前领窝
前身片中心
袖口开口止位
边缘编织
(−15针)
开衩止位
(+13针)
起针

12

p.16

■**材料**　Ski Luno（粗）黄米色（7204）230g/8团

■**工具**　棒针7号、5号

■**成品尺寸**　胸围94cm，衣长54cm，连肩袖长25.5cm

■**编织密度**　10cm×10cm面积内：下针编织、编织花样均为21针，29行

■**编织要点**　手指起针做边缘编织A，然后做下针编织。中途在中央加入编织花样。领窝减针时，2针及以上时做伏针减针，1针时立起侧边1针减针。斜肩做留针的引返编织。前后肩部正面相对对齐做引拔接合，袖口钩织边缘A'，最后做伏针收针。胁部和袖下分别使用毛线缝针做挑针缝合，衣领环形编织起伏针，做伏针收针。

15.5（33针）　16（35针）　15.5（33针）
（27针）伏针　1.5　4行　2-6-2　2-7-2　（7针）　2.5　8行
1行平　1-1-1　2-3-1　行针次
后身片
7号针
（编织花样）
27　80行
21　62行
39（83针）
4（9针）　4（9针）
（下针编织）
28　82行
22　64行
47（101针）
2.5　10行
（边缘编织A）5号针
（101针）起针
衣袖开口止位

15.5（33针）　16（35针）　15.5（33针）
与后身片相同
7　20行
6行平　4-1-1　2-1-2　2-2-2　2-4-1　行针次
（13针）伏针
50行
前身片
7号针
（编织花样）
27　80行
39（83针）
4（9针）　4（9针）
（下针编织）
22　64行
47（101针）
（边缘编织A）5号针
（101针）起针
衣袖开口止位

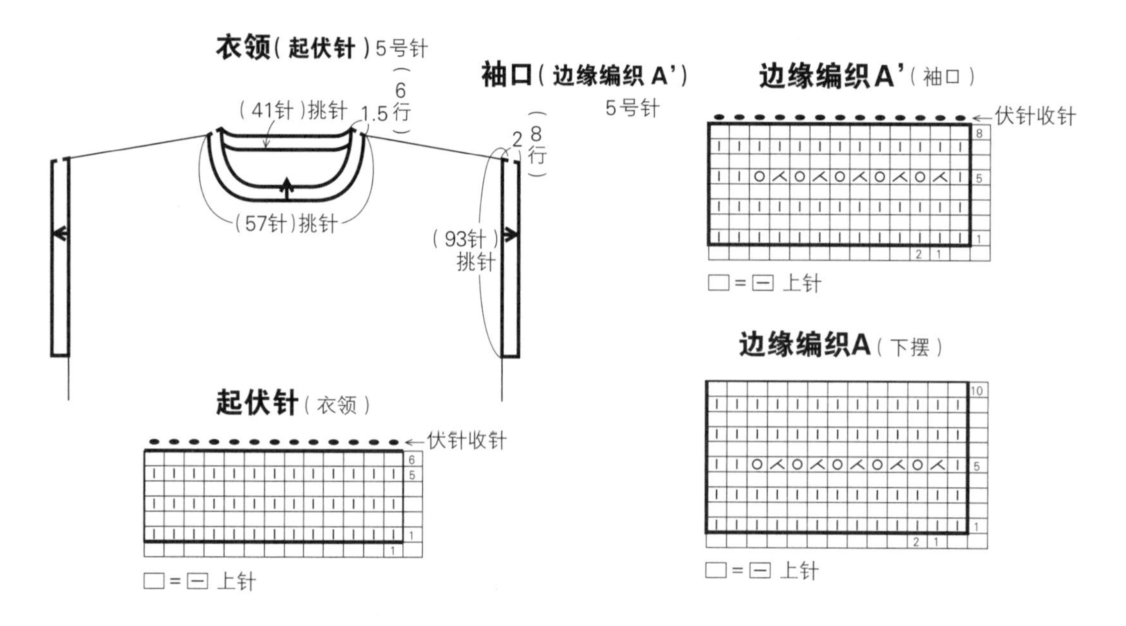

衣领（起伏针）5号针
（41针）挑针
1.5
6行
（57针）挑针
袖口（边缘编织A'）
5号针
2
8行
（93针）挑针
边缘编织A'（袖口）
伏针收针
□=㊀ 上针
起伏针（衣领）
伏针收针
□=㊀ 上针
边缘编织A（下摆）
□=㊀ 上针

■前领窝的编织方法见p.100

编织花样

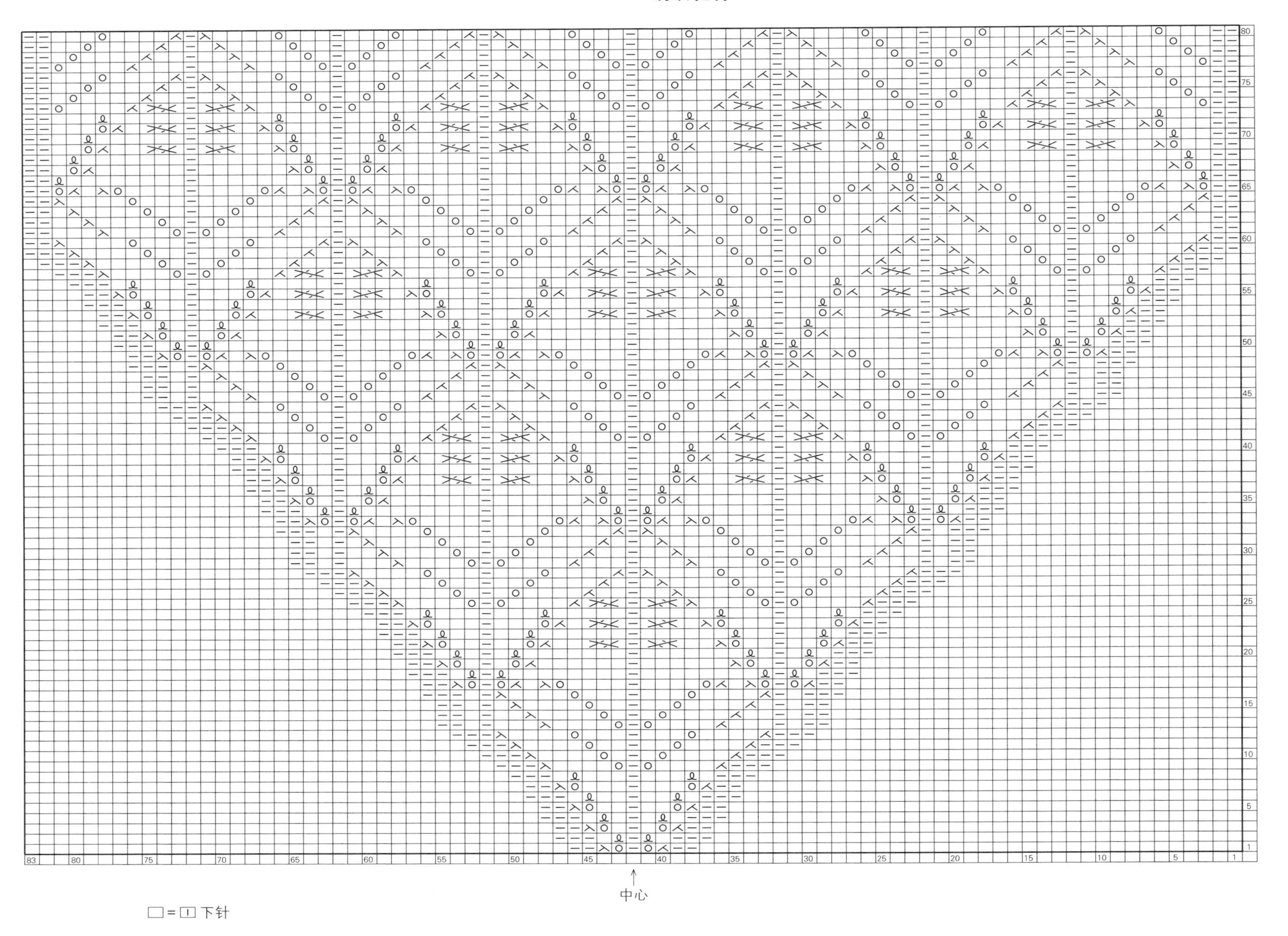

中心
□ = □ 下针

13

p.17

■材料　Ski Merino Silk（粗）原白色（2601）210g/7团
■工具　钩针5/0号
■成品尺寸　胸围100cm，衣长54cm，连肩袖长31.5cm
■编织密度　10cm×10cm面积内：编织花样10格，12行
■编织要点　后身片在中心锁针起针，按照图1、图2所示，横向做编织花样。钩织半身后回到另一面，从起针挑针，钩织相同形状的另外半身。前身片和后身片按照相同方法钩织，领窝参照图3钩织。肩部钩织引拔针和锁针接合，胁部钩织引拔针和锁针接合。下摆做边缘编织A，袖口做边缘编织B，均环形编织。衣领也环形做边缘编织B，V领领尖按照图示减针。

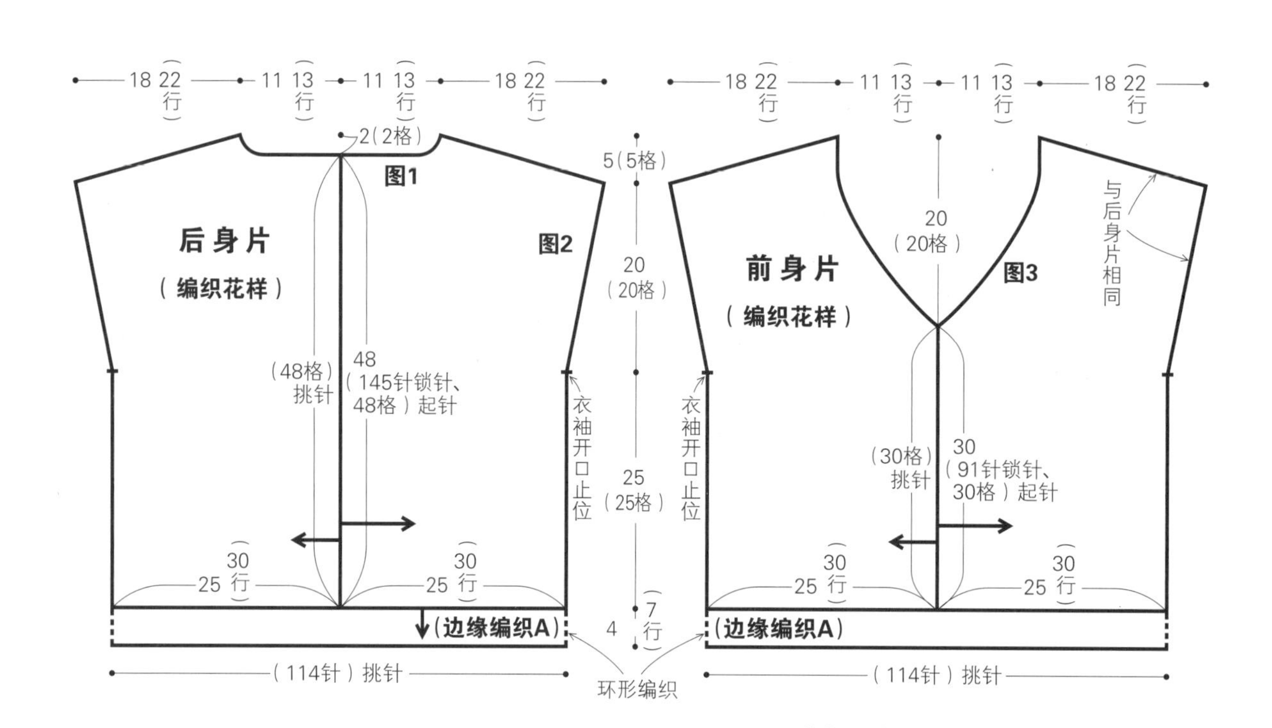

18 22行
11 13行
11 13行
18 22行
2（2格）
图1
图2
后身片
（编织花样）
5（5格）
20（20格）
25（25格）
4
7行
（48格）挑针
48（145针锁针、48格）起针
衣袖开口止位
25 30行
25 30行
（边缘编织A）
（114针）挑针
环形编织
前身片
（编织花样）
20（20格）
图3
与后身片相同
（30格）挑针
30（91针锁针、30格）起针

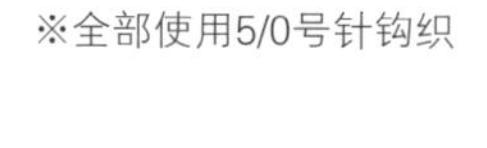

※全部使用5/0号针钩织

衣领、袖口（边缘编织B）

2.5 5行
（59针）挑针
参照图示减针
（54针）挑针
（54针）挑针
（96针）挑针
（1针）挑针

边缘编织A（下摆）

7
6
5
4
3
2
1
6针
1个花样

边缘编织B（衣领、袖口）

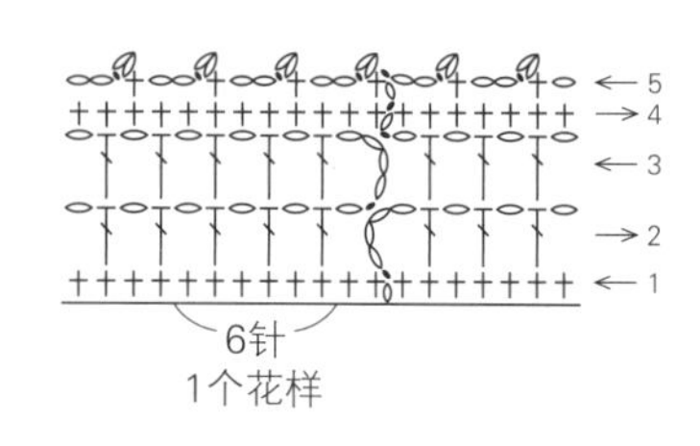

5
4
3
2
1
6针
1个花样

渡线后向前钩织

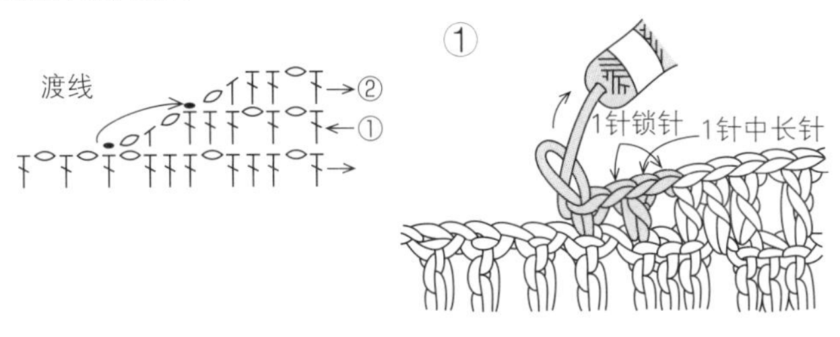

渡线
→②
←①
①
1针锁针
1针中长针

钩至第1行的最后，将钩针上的针目拉大，穿入线团，针目收紧。

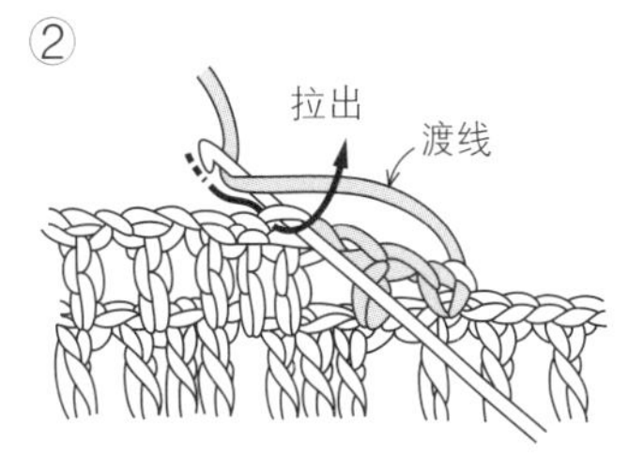

②
拉出
渡线

往前翻转织片，开始钩织第2行。从指定位置拉出线后继续编织。

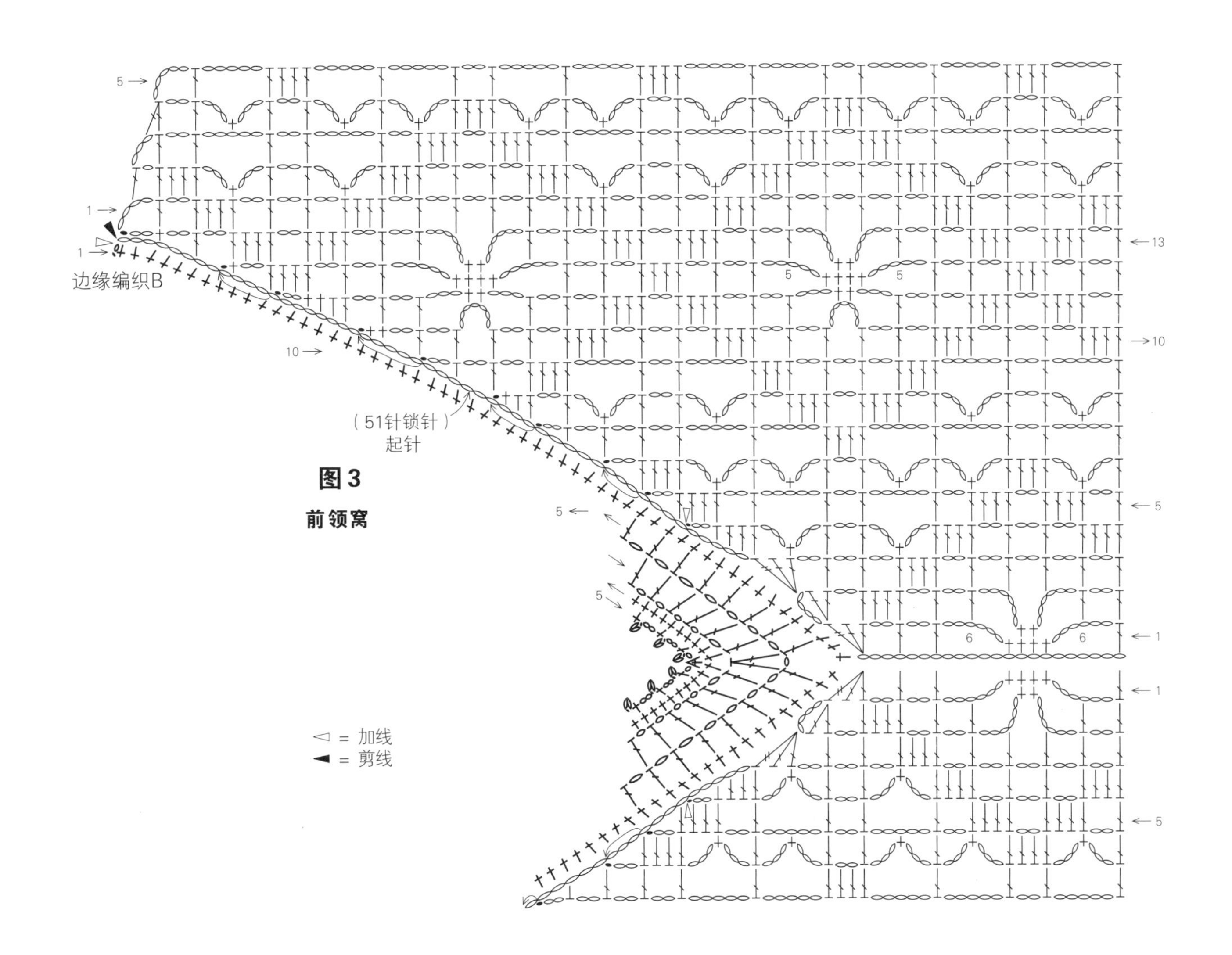

5 →
1 →
1 →
边缘编织B
10 →
（51针锁针）
起针
5 ←
5
← 13
5
5
→10
← 5
6
6
← 1
← 1
← 5
◁ = 加线
◀ = 剪线

图3

前领窝

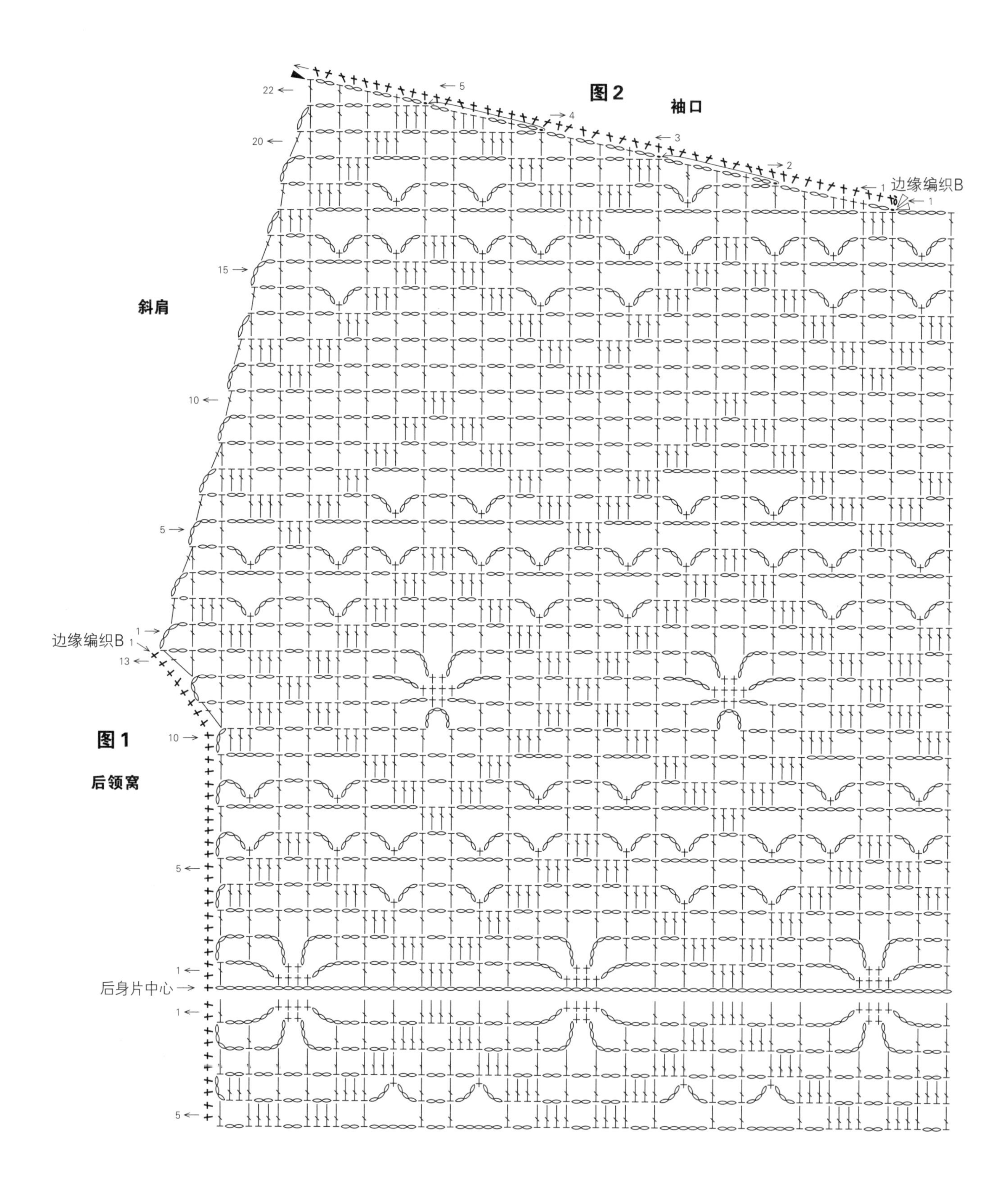
图2
袖口
边缘编织B
斜肩
边缘编织B
图1
后领窝
后身片中心
22
20
15
10
5
1
13
10
5
1
1
5
5
4
3
2
1
1

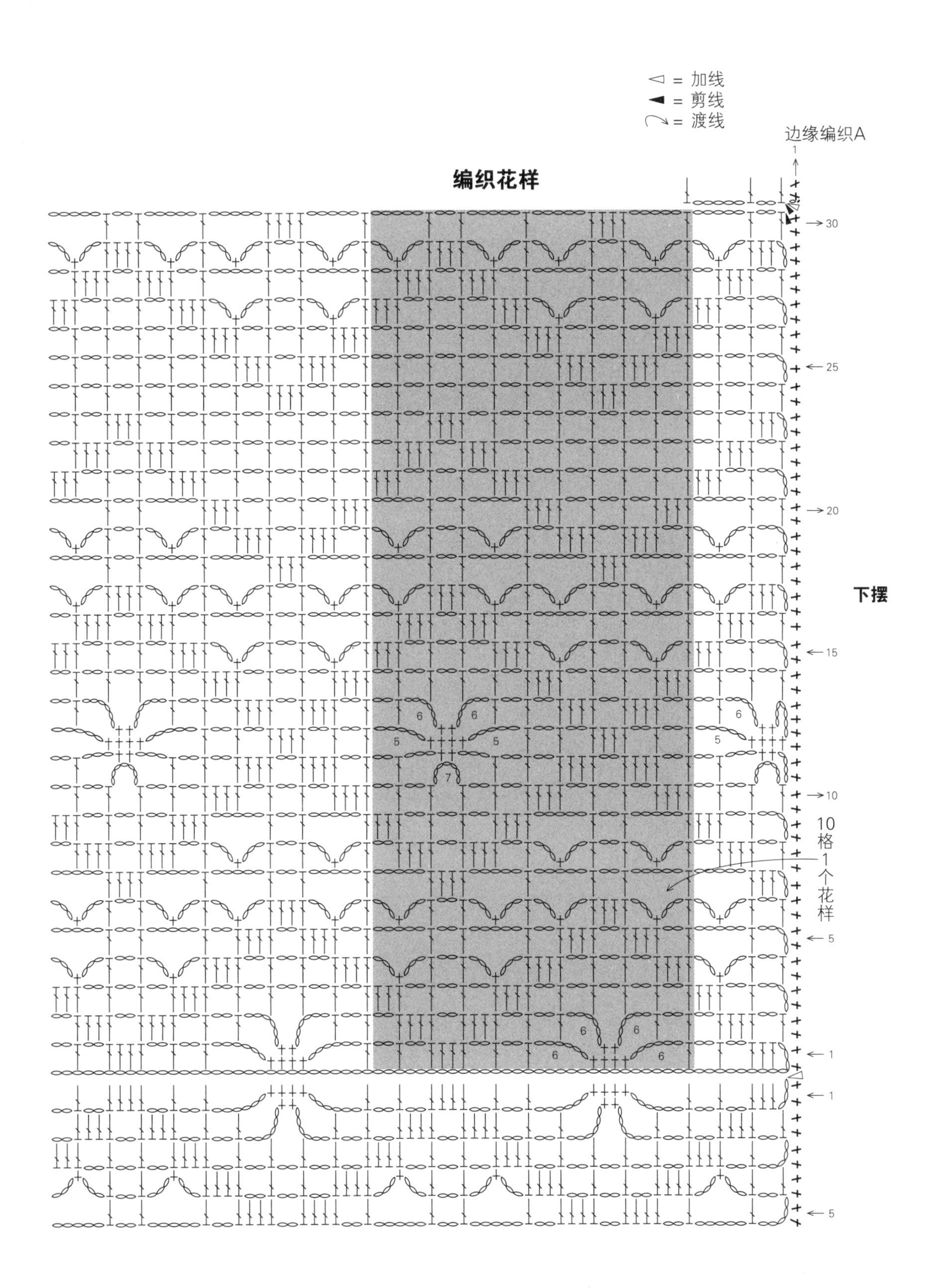

◁ = 加线
◀ = 剪线
⤳ = 渡线
边缘编织A
编织花样
下摆
10格1个花样
30
25
20
15
10
5
1
1
5
6
5
7

14
p.18

■材料　Ski Fraulein（中粗）象牙色（2933）200g/5团
■工具　钩针7/0号
■成品尺寸　胸围自由，衣长53.5cm，连肩袖长23.5cm
■编织密度　编织花样的1个花样5.5cm，6.5行10cm

■编织要点　锁针起针，挑起锁针的半针和里山做编织花样。领窝参照图示编织，下摆钩织3行边缘编织A。前后肩部钩织引拔针和锁针接合，衣领钩织边缘编织A，V领领尖参照图示减针。在两侧钩织边缘编织A'，将钩织好的细绳穿入前后身片的针目中，打结。

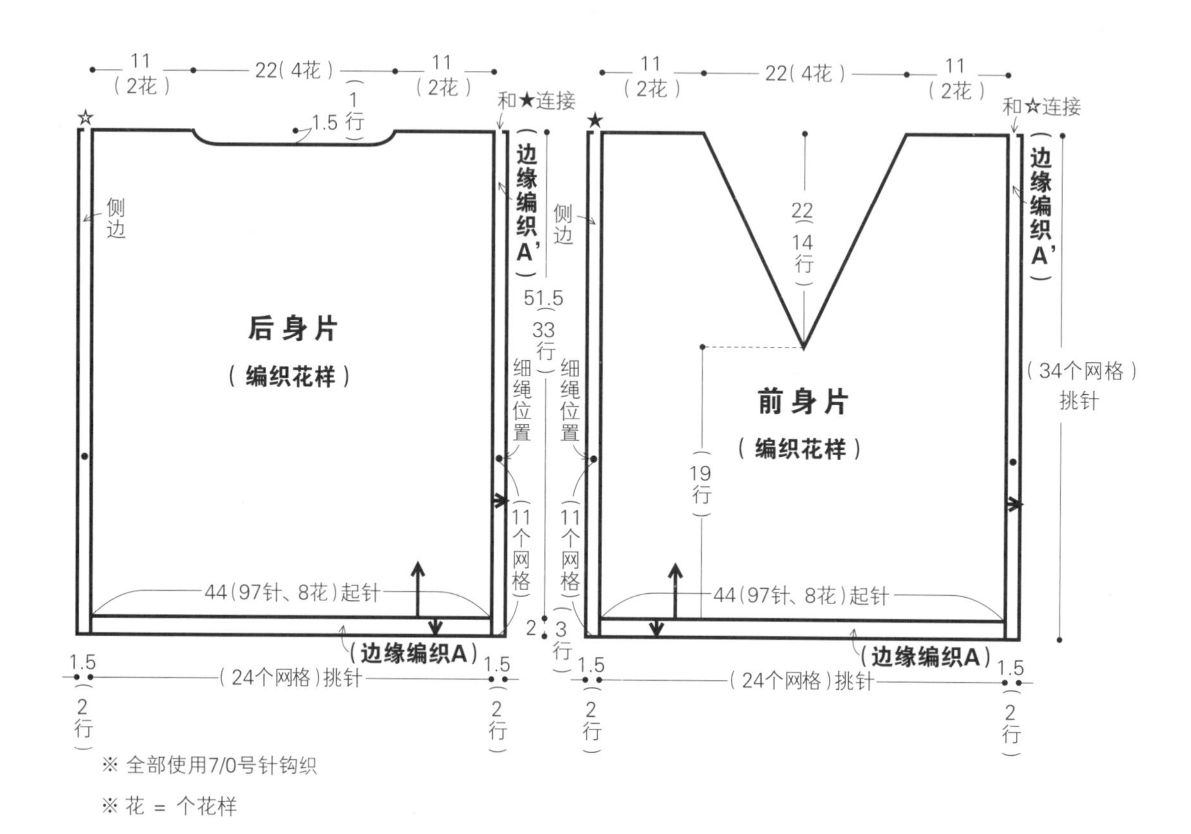
后身片
（编织花样）
前身片
（编织花样）
11（2花）
22（4花）
和★连接
和☆连接
1.5
1行
边缘编织A'
侧边
细绳位置
51.5
33行
22
14行
19行
（34个网格）挑针
11个网格
44（97针、8花）起针
（边缘编织A）
（24个网格）挑针
2行
3行
1.5
※ 全部使用7/0号针钩织
※ 花 = 个花样

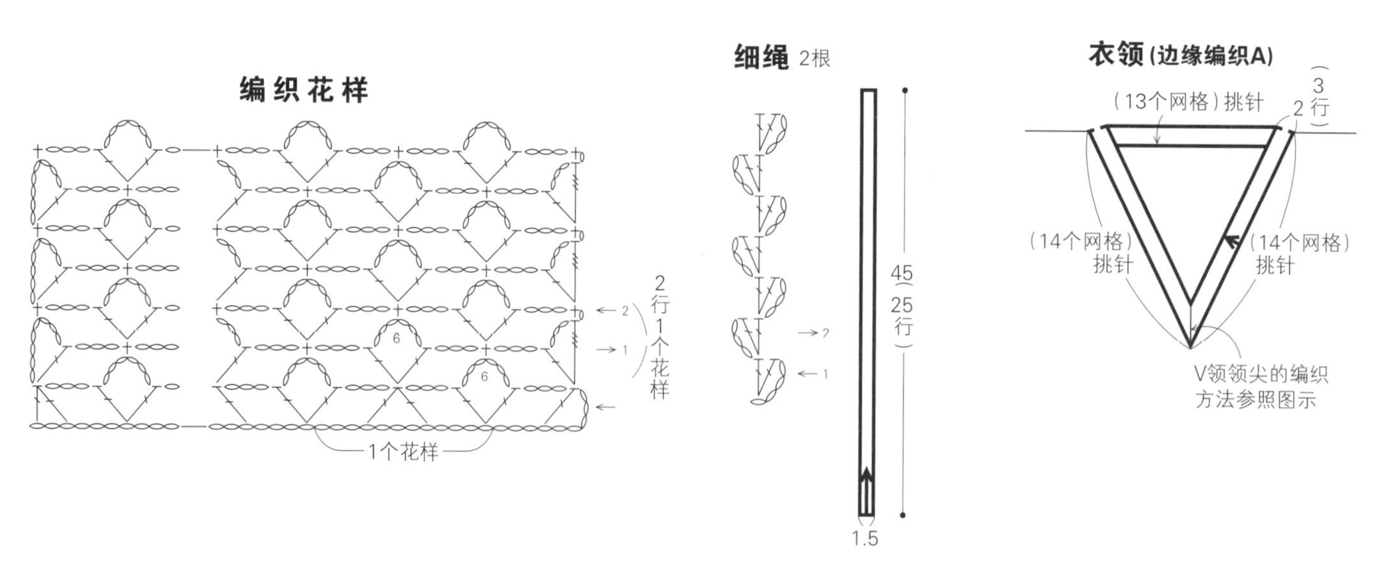
编织花样
1个花样
2行1个花样
细绳 2根
45
25行
1.5
衣领（边缘编织A）
（13个网格）挑针
3行
2
（14个网格）挑针
V领领尖的编织方法参照图示

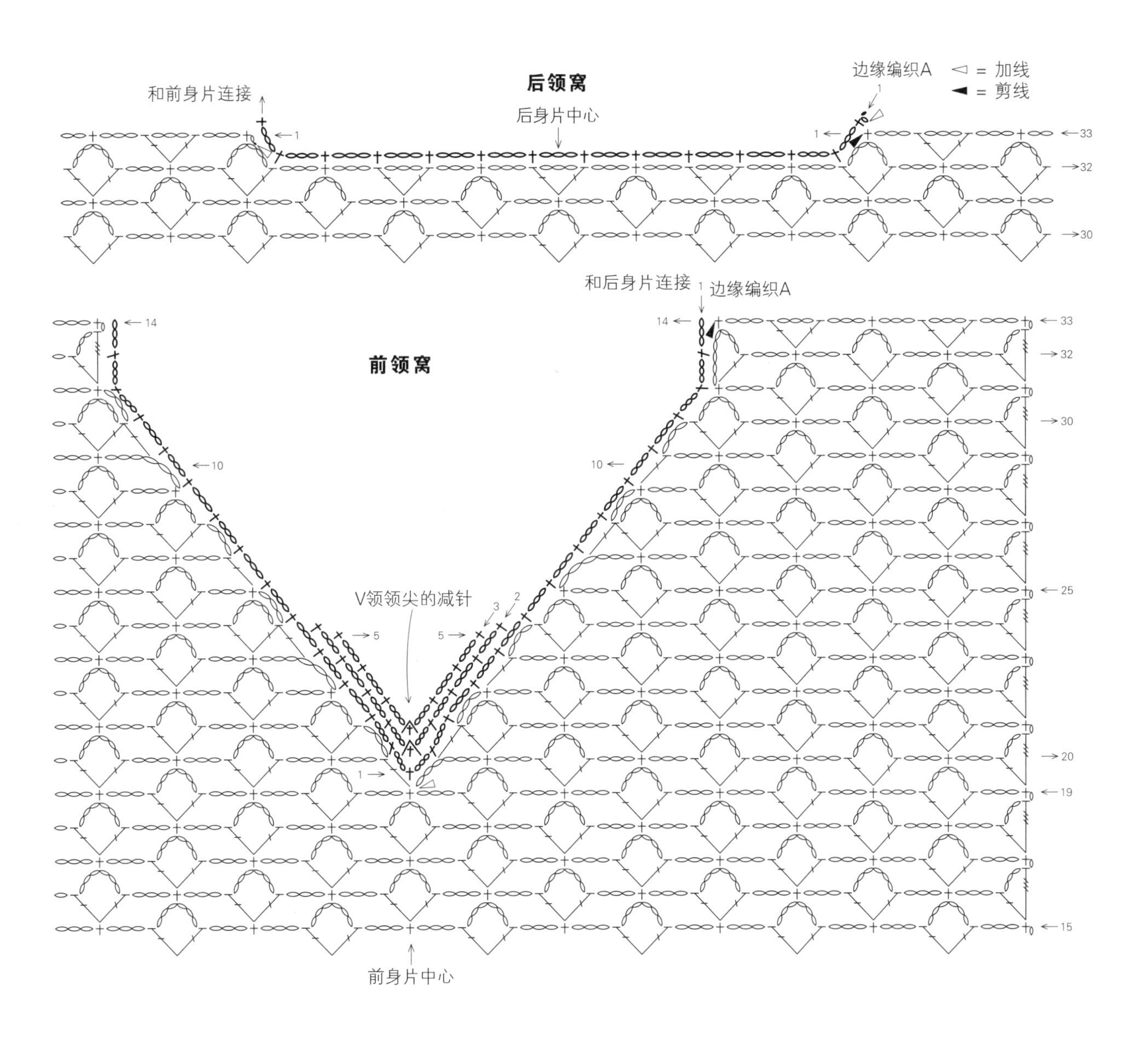
后领窝
和前身片连接
后身片中心
边缘编织A
◁ = 加线
◀ = 剪线
1
33
32
30
和后身片连接
边缘编织A
14
前领窝
10
V领领尖的减针
3
2
5
25
20
19
15
前身片中心

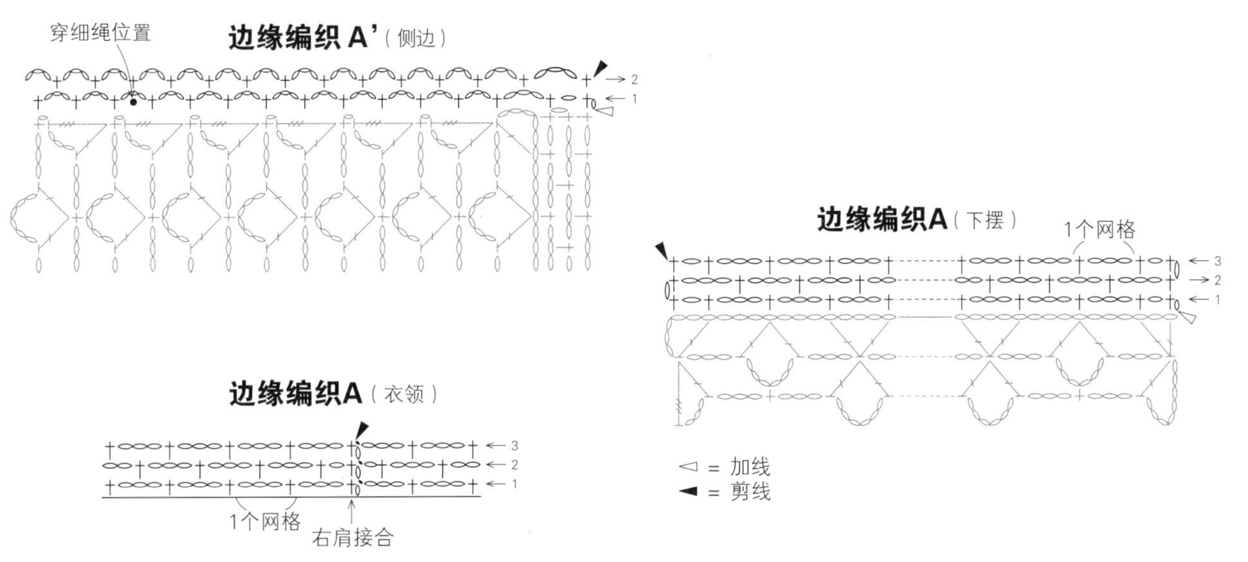
穿细绳位置
边缘编织 A'（侧边）
2
1
边缘编织A（下摆）
1个网格
3
2
1
◁ = 加线
◀ = 剪线
边缘编织A（衣领）
3
2
1
1个网格
右肩接合

16

p.21

■材料 Ski UK Blend Melange（极粗）浅灰色（8002）600g/15团，直径2.4cm的纽扣4颗

■工具 棒针11号、10号，钩针6/0号

■成品尺寸 胸围111cm，肩宽45cm，衣长58.5cm，袖长45cm

■编织密度 编织花样A、A'均为14针6cm，编织花样B、B'均为13针7cm，编织花样C为10针4.5cm，编织花样E为18.5针10cm，编织花样D、D'均为4针2cm，全部为22行10cm

■编织要点 身片手指起针编织单罗纹针，从分界线开始按照图示做编织花样A~E。领窝减针时，2针及以上时做伏针减针，1针时立起侧边1针减针。斜肩做留针的引返编织。衣袖和身片的起针方法相同，做编织花样B'、C、E，袖下在端头1针内侧编织扭针加针。前后肩部做盖针接合，胁部和袖下使用毛线缝针做挑针缝合。前门襟、衣领从身片挑针编织单罗纹针，做单罗纹针收针。衣袖和身片做引拔接合。

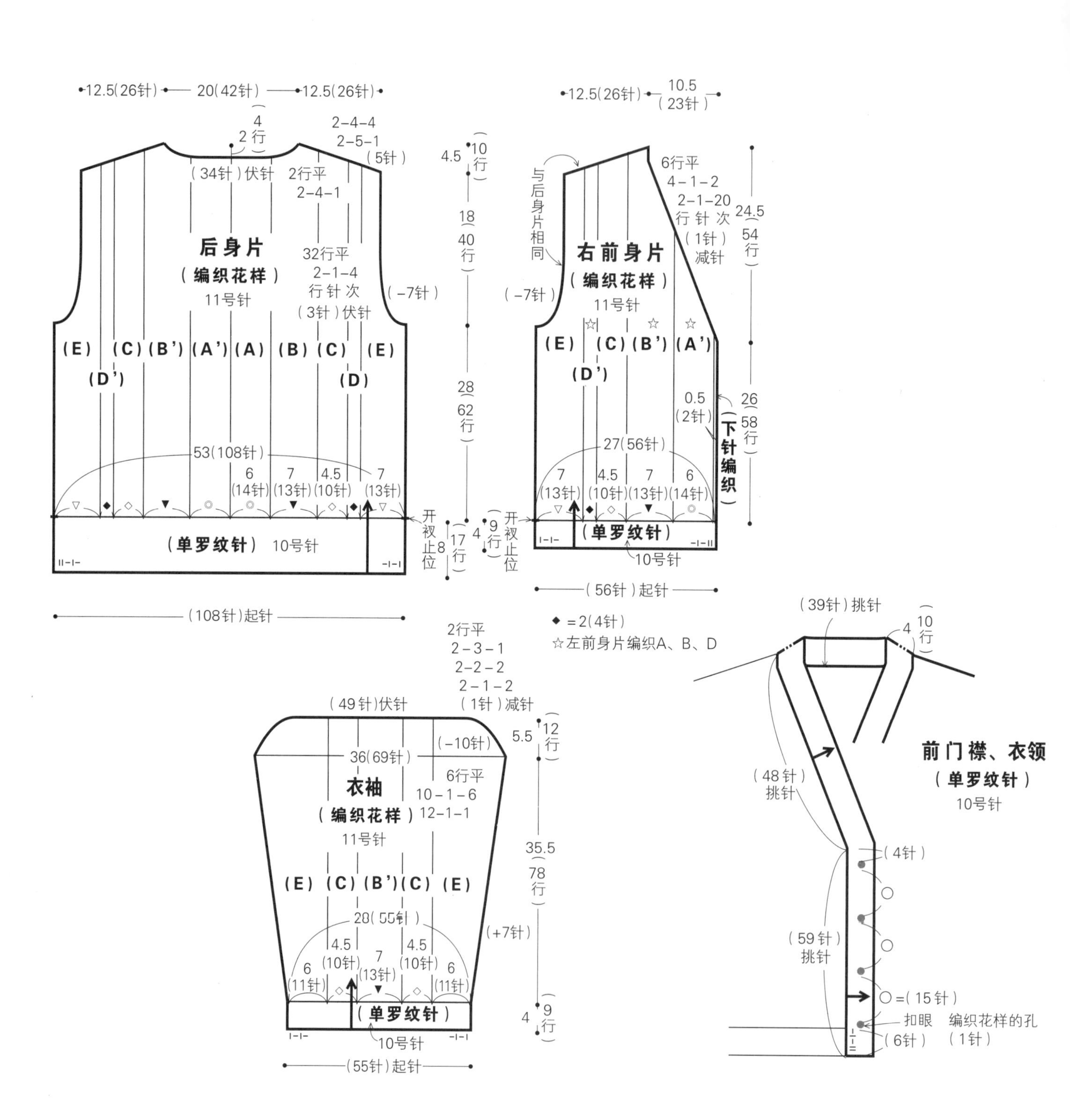

12.5（26针）
20（42针）
12.5（26针）
4
2行
2-4-4
2-5-1
（5针）
（34针）伏针
2行平
2-4-1
后身片
（编织花样）
11号针
32行平
2-1-4
行针次
（3针）伏针
（-7针）
(E) (C) (B') (A') (A) (B) (C) (E)
(D') (D)
53（108针）
6（14针）
7（13针）
4.5（10针）
7（13针）
（单罗纹针） 10号针
（108针）起针
开衩止位
8
17行
4.5
10行
18
40行
28
62行
4
9行
12.5（26针）
10.5（23针）
与后身片相同
6行平
4-1-2
2-1-20
行针次
（1针）减针
24.5
54行
右前身片
（编织花样）
11号针
（-7针）
(E) (C) (B') (A')
(D')
0.5（2针）
（下针编织）
26
58行
27（56针）
7（13针）
4.5（10针）
7（13针）
6（14针）
（单罗纹针）
10号针
（56针）起针
◆=2（4针）
☆左前身片编织A、B、D
2行平
2-3-1
2-2-2
2-1-2
（1针）减针
（49针）伏针
5.5
12行
（-10针）
36（69针）
衣袖
（编织花样）
11号针
6行平
10-1-6
12-1-1
35.5
78行
(E) (C) (B') (C) (E)
28（55针）
（+7针）
4.5（10针）
7（13针）
6（11针）
（单罗纹针）
10号针
4
9行
（55针）起针
（39针）挑针
4
10行
前门襟、衣领
（单罗纹针）
10号针
（48针）挑针
（4针）
（59针）挑针
○=（15针）
扣眼 编织花样的孔
（6针） （1针）

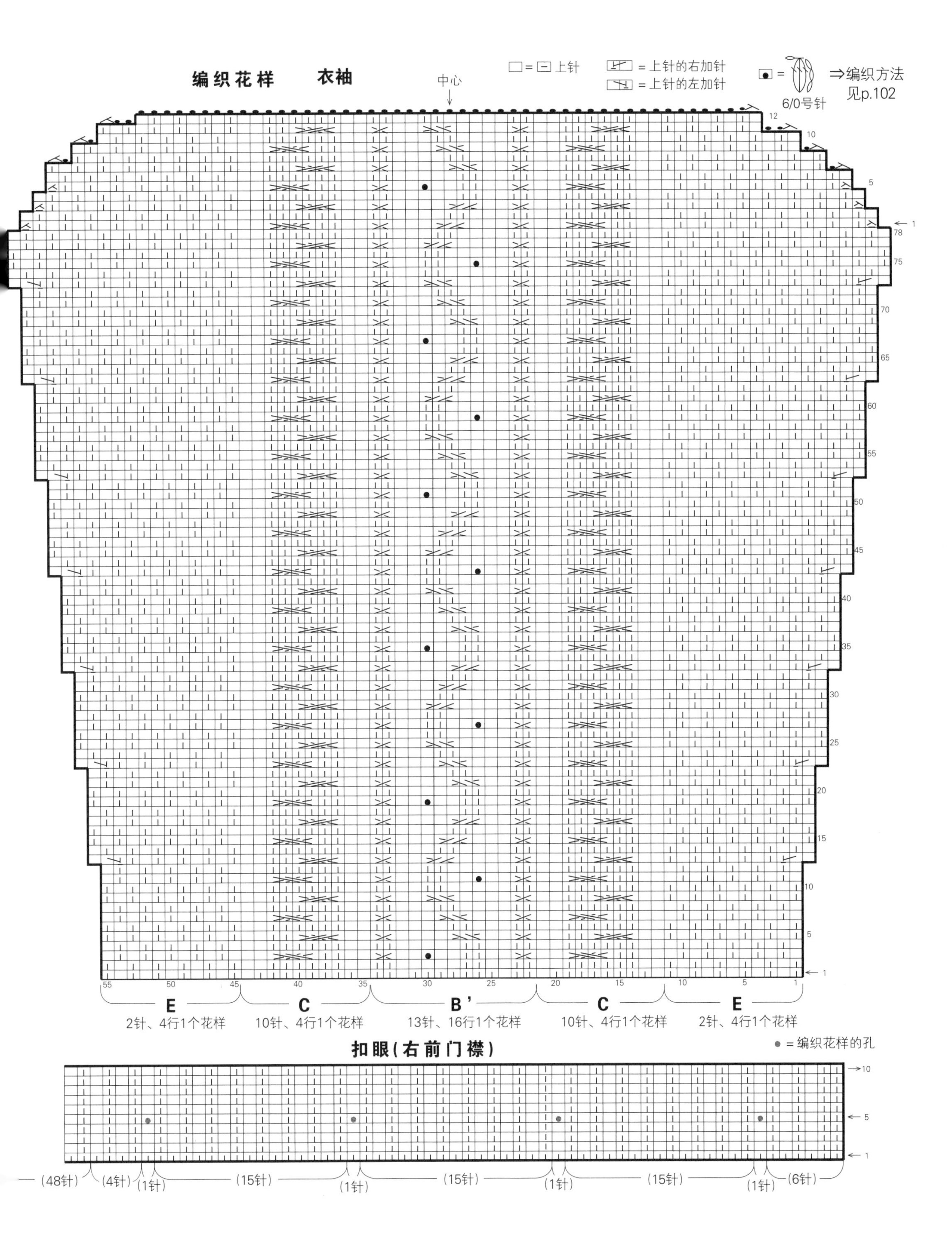

编织花样　衣袖
中心
□=⊟ 上针
= 上针的右加针
= 上针的左加针
=
6/0号针
⇒编织方法见p.102
E
2针、4行1个花样
C
10针、4行1个花样
B'
13针、16行1个花样
C
10针、4行1个花样
E
2针、4行1个花样
扣眼(右前门襟)
● = 编织花样的孔
(48针)
(4针)
(1针)
(15针)
(1针)
(15针)
(1针)
(15针)
(1针)
(6针)

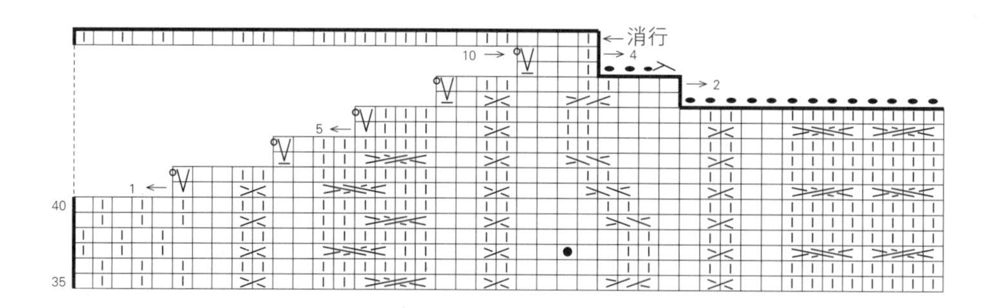
消行
4
2
10
5
1
40
35

编织花样

右前身片

□=⊟ 上针

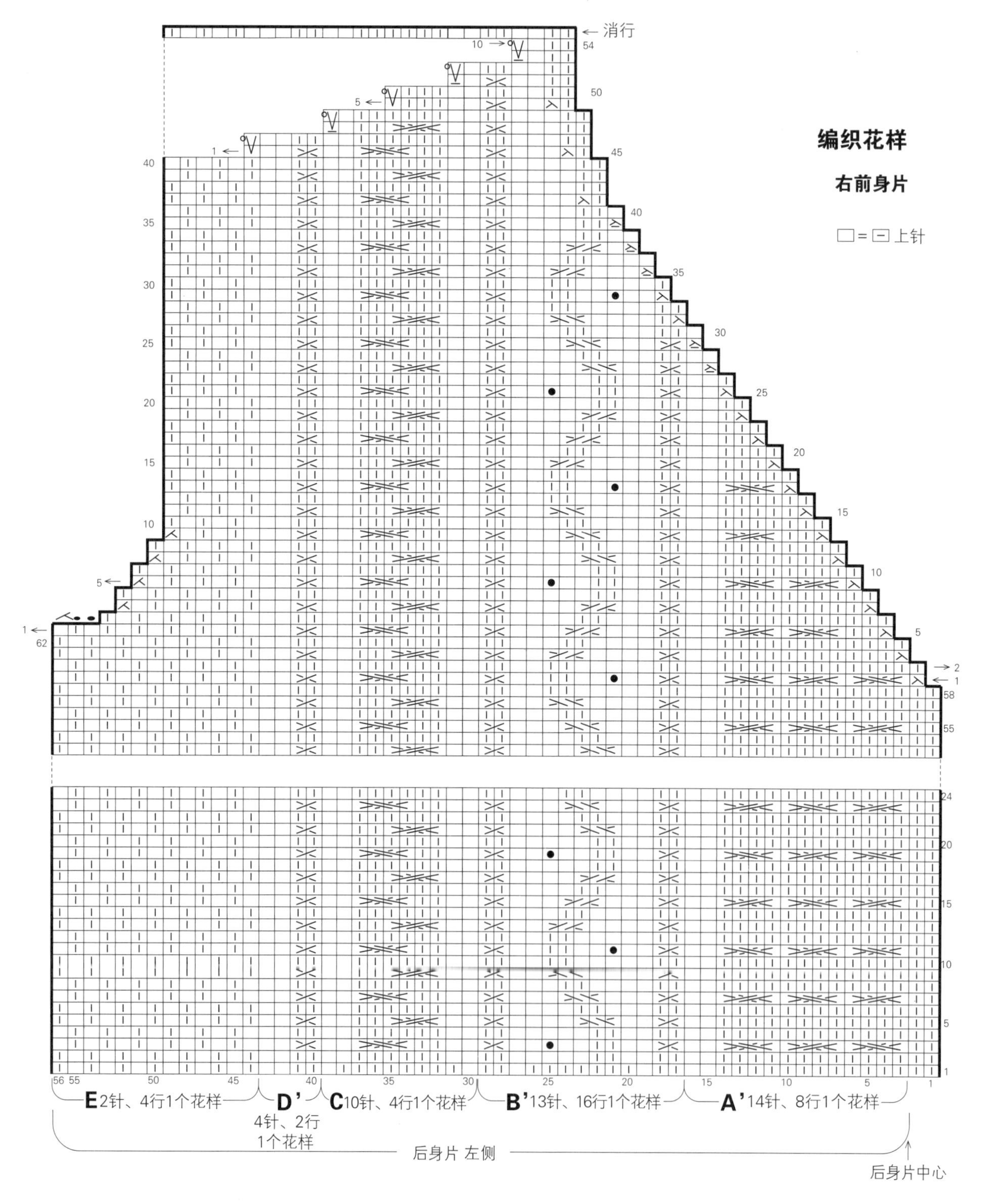
消行
54
50
45
40
35
30
25
20
15
10
5
1
2
62
58
55
24
E2针、4行1个花样
D'
4针、2行
1个花样
C10针、4行1个花样
B'13针、16行1个花样
A'14针、8行1个花样
后身片 左侧
后身片中心

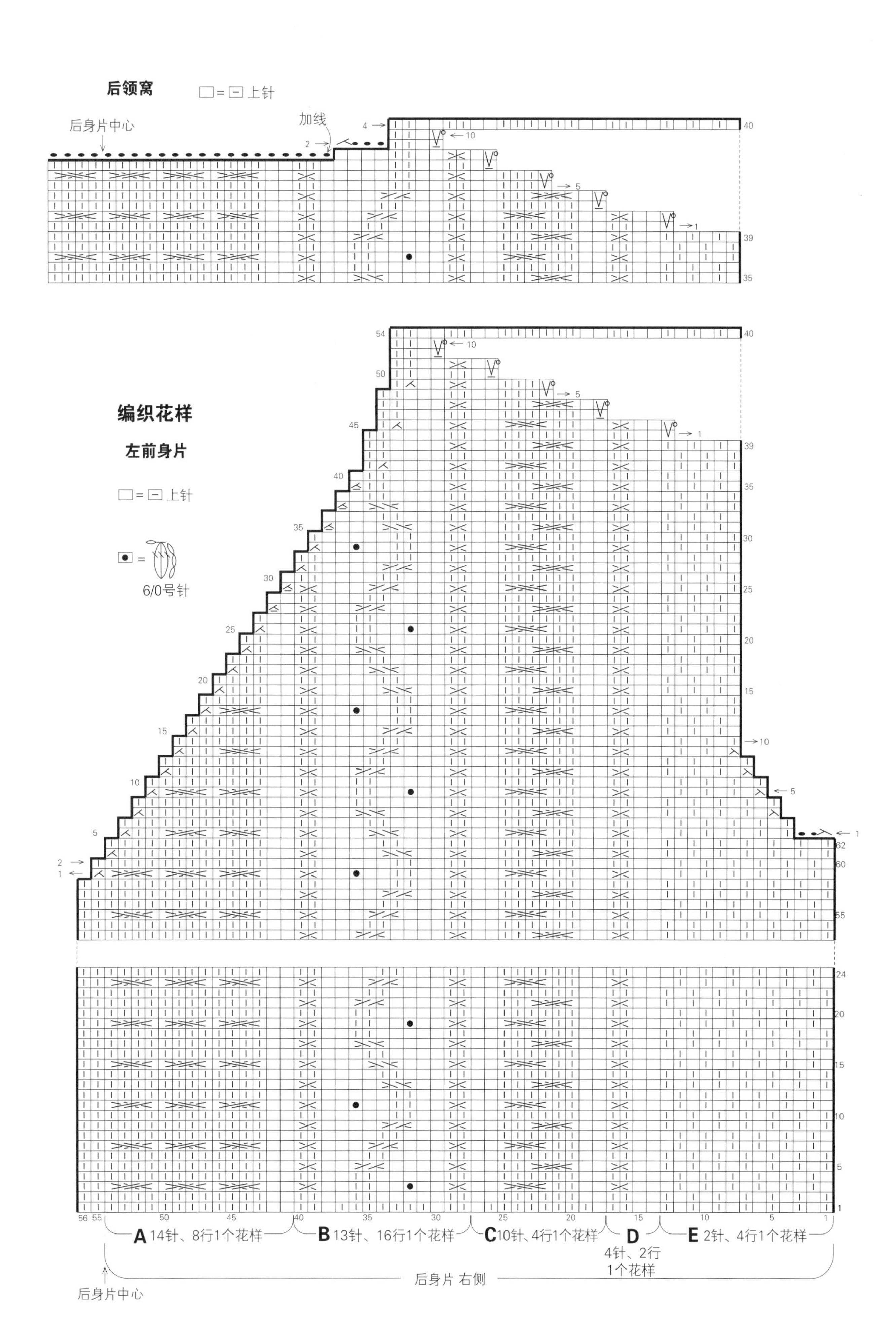
后领窝
□=⊟ 上针
后身片中心
加线
编织花样
左前身片
□=⊟ 上针
●=
6/0号针
A 14针、8行1个花样
B 13针、16行1个花样
C 10针、4行1个花样
D 4针、2行 1个花样
E 2针、4行1个花样
后身片 右侧
后身片中心

17

p.22

■**材料** Ski Tasmanian Polwarth（粗）深蓝色（7018）290g/8团、米色（7025）30g/1团、蓝绿色（7019）25g/1团、紫色（7017）15g/1团、深粉色（7012）10g/1团

■**工具** 棒针6号、5号、3号、2号

■**成品尺寸** 胸围102cm，肩宽35cm，衣长56cm，袖长53cm

■**编织密度** 10cm×10cm面积内：下针编织23.5针，32行；配色花样28.5针，30行

■**编织要点** 前身片另线锁针起针，按照图示编织配色花样。袖窿和领窝减针时，2针及以上时做伏针减针，1针时立起侧边1针减针。斜肩做留针的引返编织。后身片和衣袖用深蓝色线做下针编织，袖下在端头1针内侧编织扭针加针。下摆、袖口解开另线锁针起针挑针，前身片平均减针，编织单罗纹针，编织终点做单罗纹针收针。肩部做盖针接合，衣领环形编织单罗纹针，编织终点做单罗纹针收针。胁部和袖下使用毛线缝针做挑针缝合，衣袖和身片做引拔接合。

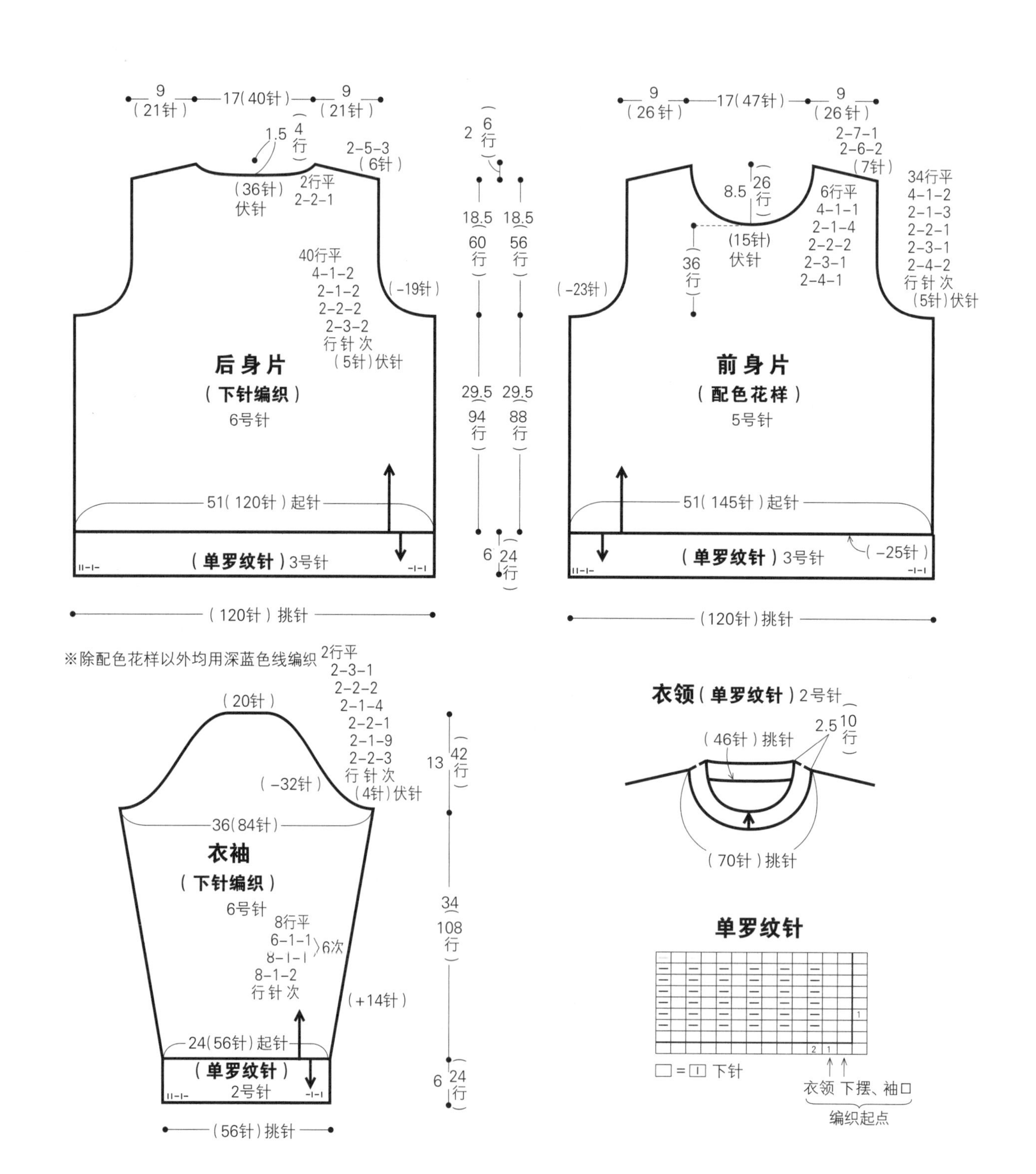

9（21针）
17（40针）
9（21针）
1.5
4行
2-5-3
（6针）
（36针）伏针
2行平
2-2-1
40行平
4-1-2
2-1-2
2-2-2
2-3-2
行 针 次
（5针）伏针
（-19针）
后身片
（下针编织）
6号针
51（120针）起针
（单罗纹针）3号针
（120针）挑针
2 6行
18.5 60行
18.5 56行
29.5 94行
29.5 88行
6 24行
9（26针）
17（47针）
9（26针）
2-7-1
2-6-2
（7针）
8.5 26行
6行平
4-1-1
2-1-4
2-2-2
2-3-1
2-4-1
34行平
4-1-2
2-1-3
2-2-1
2-3-1
2-4-2
行 针 次
（5针）伏针
（15针）伏针
36行
（-23针）
前身片
（配色花样）
5号针
51（145针）起针
（单罗纹针）3号针
（-25针）
（120针）挑针
※除配色花样以外均用深蓝色线编织
2行平
2-3-1
2-2-2
2-1-4
2-2-1
2-1-9
2-2-3
行 针 次
（4针）伏针
（20针）
（-32针）
13 42行
36（84针）
衣袖
（下针编织）
6号针
8行平
6-1-1
8-1-1
6次
8-1-2
行 针 次
（+14针）
34 108行
24（56针）起针
（单罗纹针）
2号针
6 24行
（56针）挑针
衣领（单罗纹针）2号针
（46针）挑针
2.5 10行
（70针）挑针
单罗纹针
□=□ 下针
衣领 下摆、袖口
编织起点

配色花样（前身片）

配色
- □ = 深蓝色
- ☒ = 蓝绿色
- ⊡ = 紫色
- ▩ = 米色
- ▲ = 深粉色

□ = ⊟ 下针

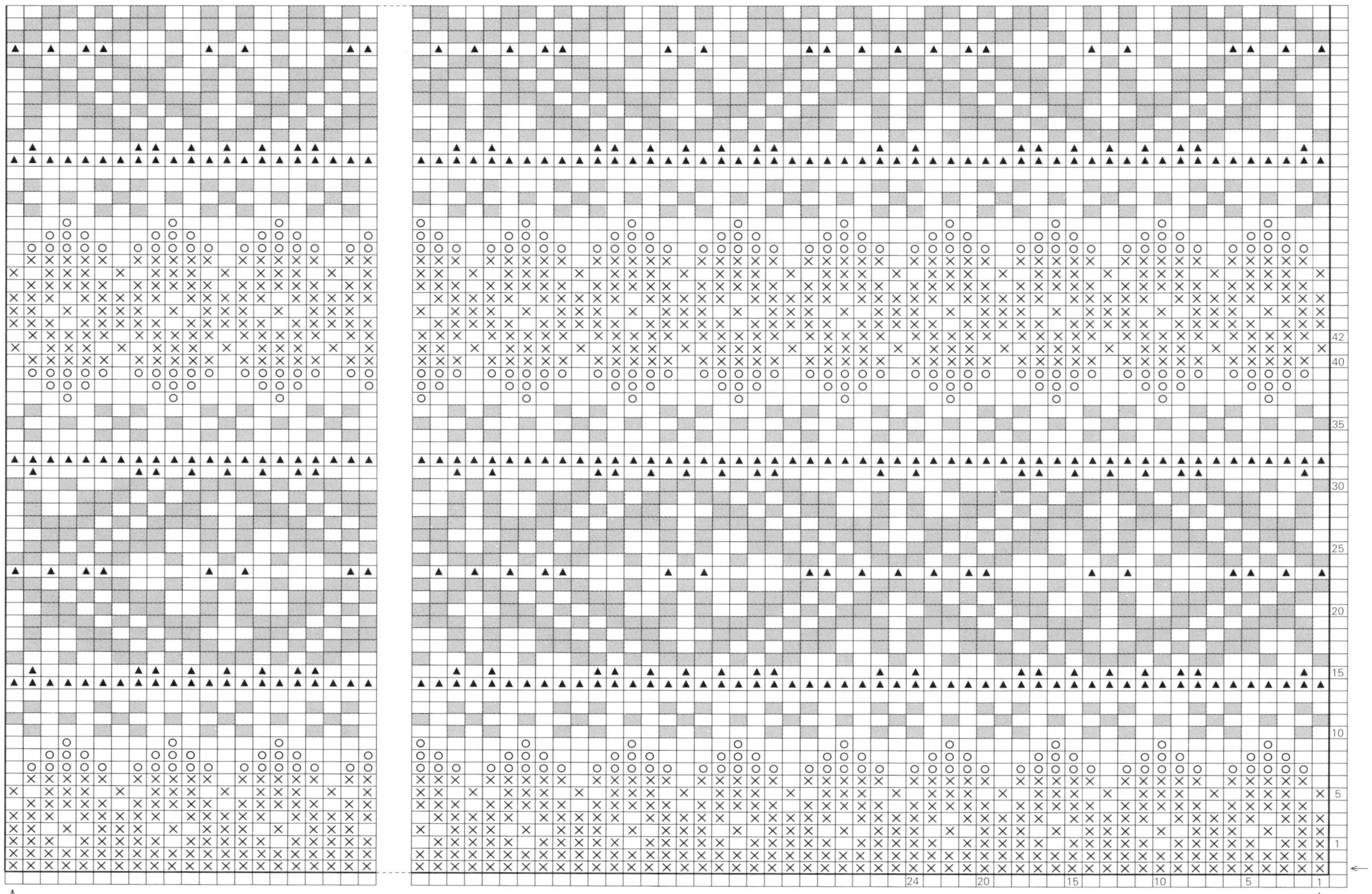

(145针)
编织终点
编织起点

前领窝

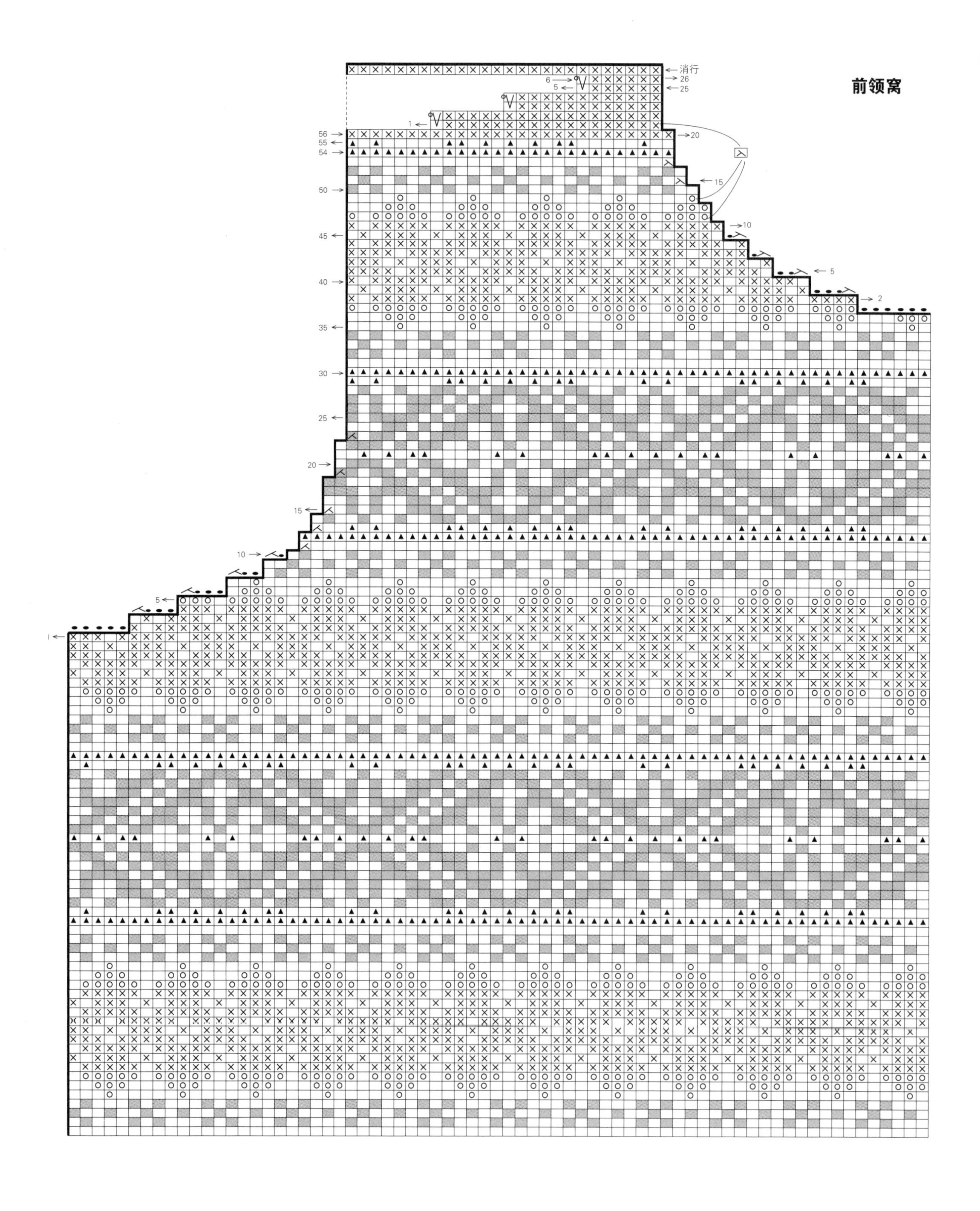

消行
26
25
6
5
1
56
55
54
50
45
40
35
30
25
20
15
10
5
2
1
20
15
10
5

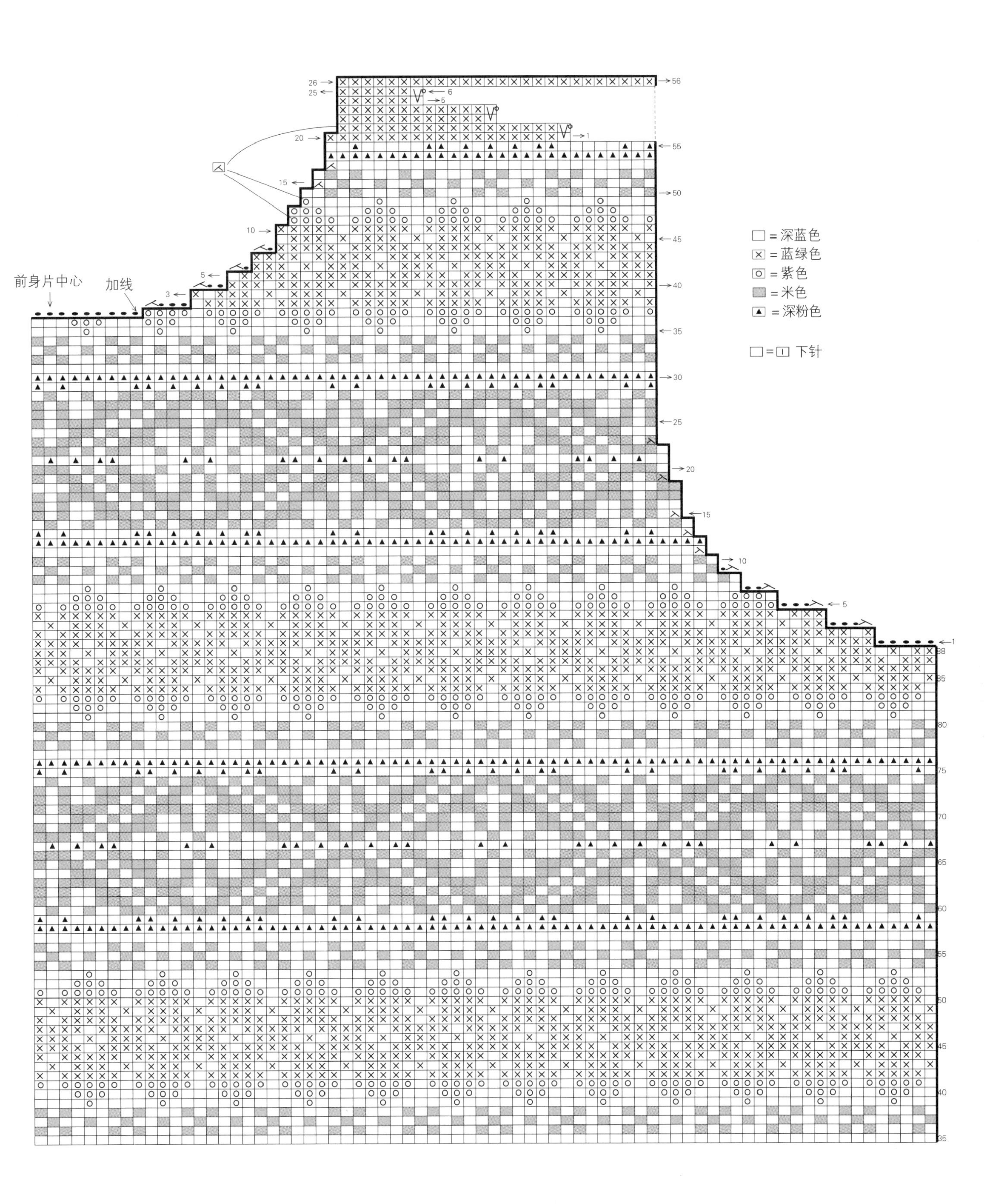

前身片中心
加线
□ = 深蓝色
⊠ = 蓝绿色
⊙ = 紫色
▨ = 米色
▲ = 深粉色
□ = ⊡ 下针

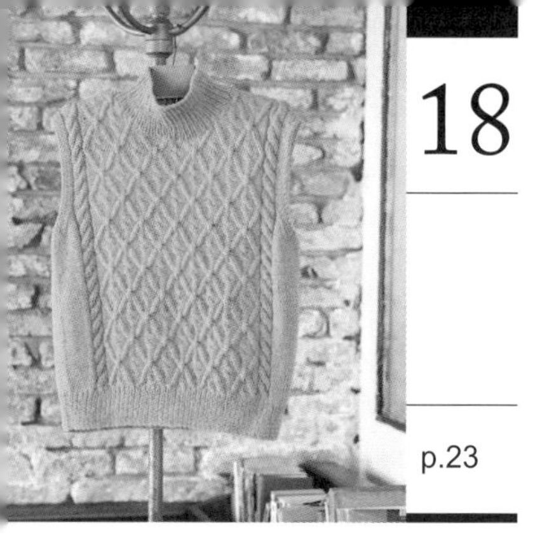

18

p.23

■**材料** Ski Fraulein（中粗）淡灰色（2932）360g/9团

■**工具** 棒针8号、6号

■**成品尺寸** 胸围96cm，肩宽40cm，衣长54.5cm

■**编织密度** 10cm×10cm面积内：下针编织20针，编织花样B 26针，均为25.5行；编织花样A 10针3cm，25.5行10cm

■**编织要点** 身片手指起针编织单罗纹针，从分界线开始按照图示编织扭针加针，做下针编织、编织花样A、A'、B。袖窿侧边6针编织单罗纹针，立起第6针减针。领窝减针时，2针及以上时做伏针减针，1针时立起侧边1针减针。斜肩做留针的引返编织。前后肩部做盖针接合，编织花样A、A'的麻花针要交叉着接合。衣领编织单罗纹针，编织终点做单罗纹针收针。胁部使用毛线缝针做挑针缝合。

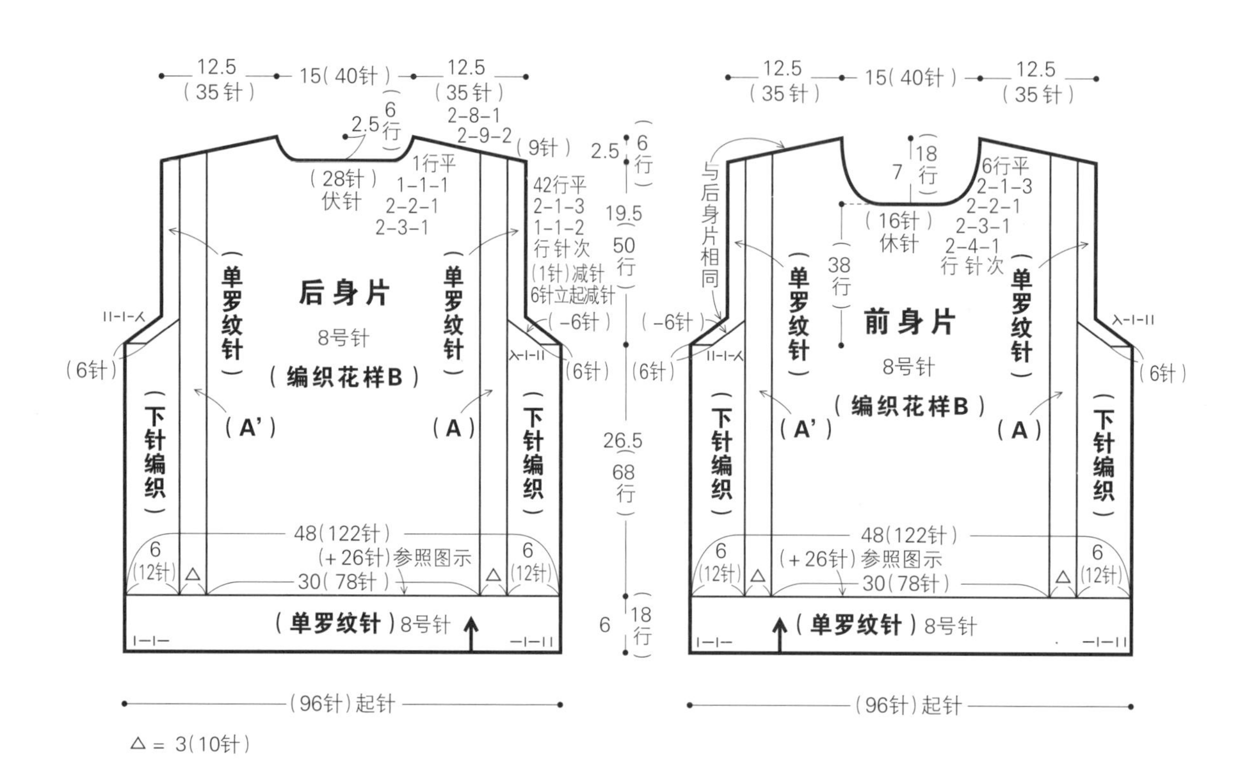

12.5（35针）
15（40针）
12.5（35针）
2.5
6行
2-8-1
2-9-2
（9针）
（28针）伏针
1行平
1-1-1
2-2-1
2-3-1
42行平
2-1-3
1-1-2
行针次
（1针）减针
6针立起减针
后身片
8号针
（编织花样B）
单罗纹针
（A'）
（A）
下针编织
（-6针）
（6针）
48（122针）
（+26针）参照图示
30（78针）
6（12针）
（单罗纹针）8号针
（96针）起针
△＝3（10针）
2.5
6行
19.5
50行
26.5
68行
6
18行
与后身片相同
7
18行
6行平
2-1-3
2-2-1
2-3-1
2-4-1
行针次
（16针）休针
38行
前身片

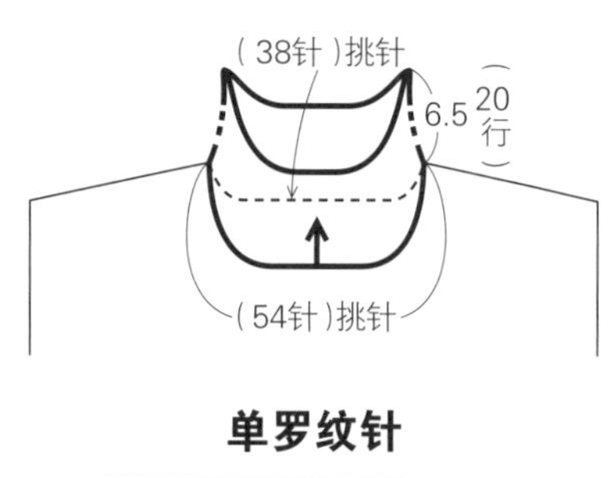

衣领（单罗纹针）6号针
（38针）挑针
6.5
20行
（54针）挑针

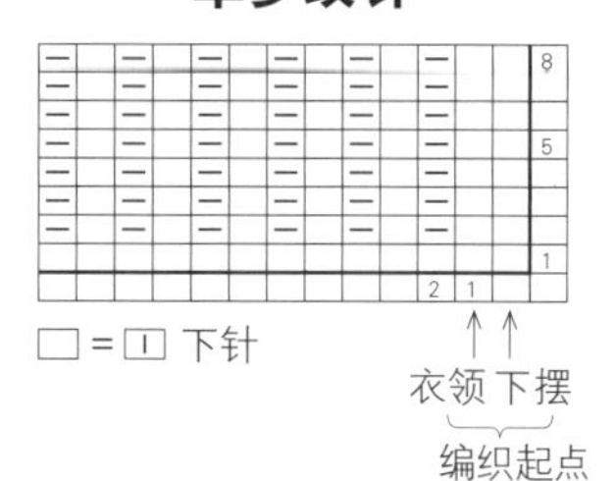

单罗纹针
□＝□ 下针
衣领 下摆
编织起点

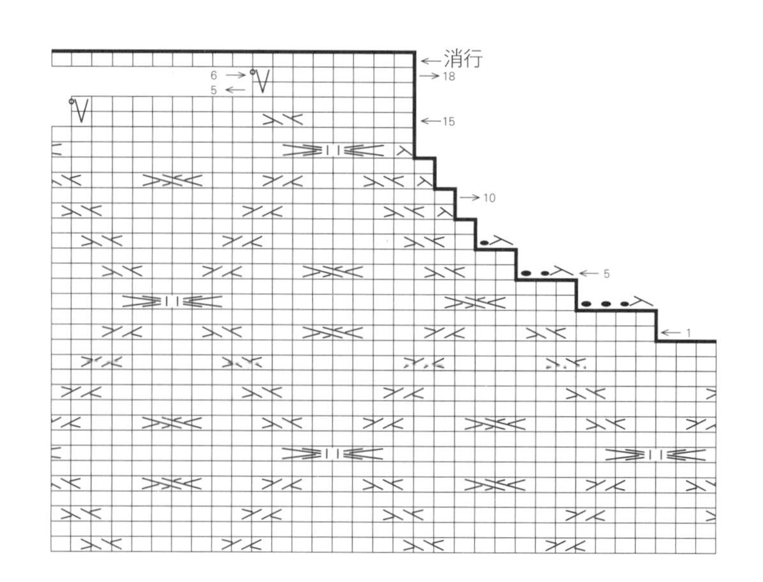

消行
18
15
10
5
1

中上2针的左右2针交叉

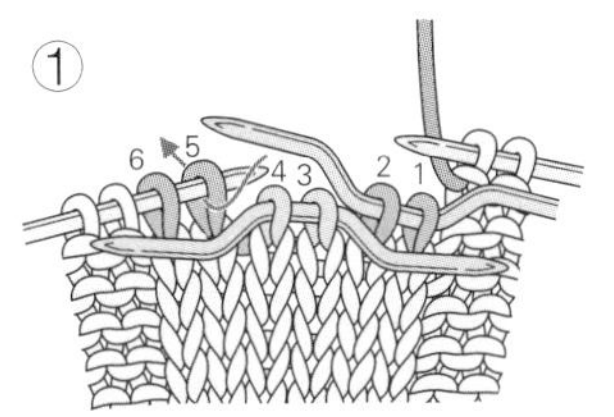
①
6
5
4
3
2
1
针目1、2和针目3、4分别移至2根麻花针上，放在织片前面，针目5、6编织下针。

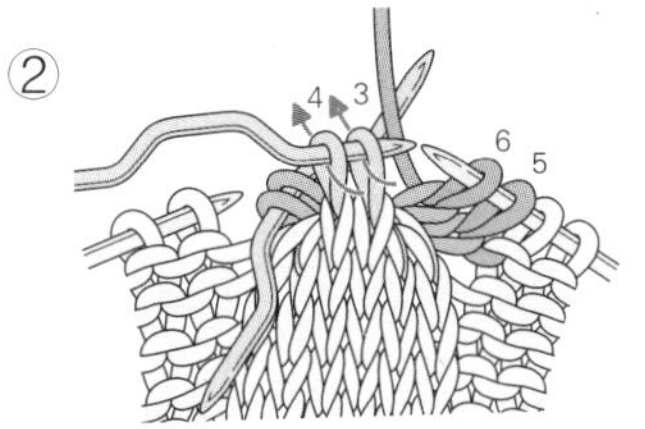
②
4
3
6
5
将针目1、2从针目3、4的后面转向左边，针目3、4分别编织下针。

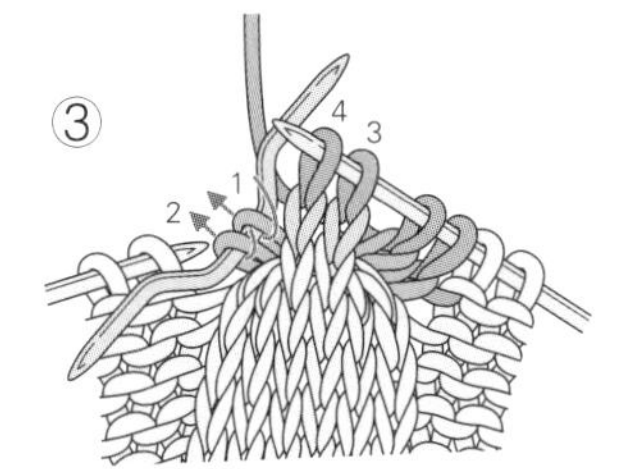
③
4
3
2
1
针目1、2分别编织下针。

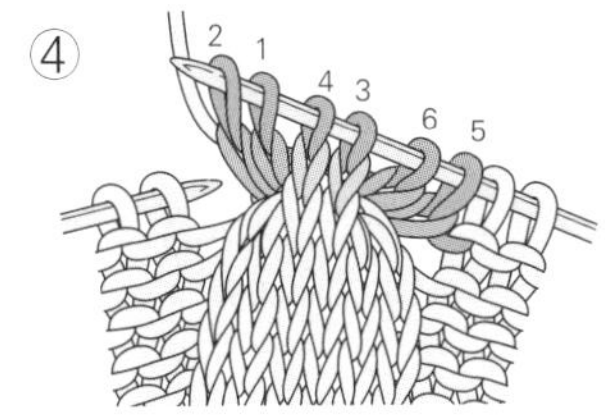
④
2
1
4
3
6
5
中上2针的左右2针交叉完成。

编织花样

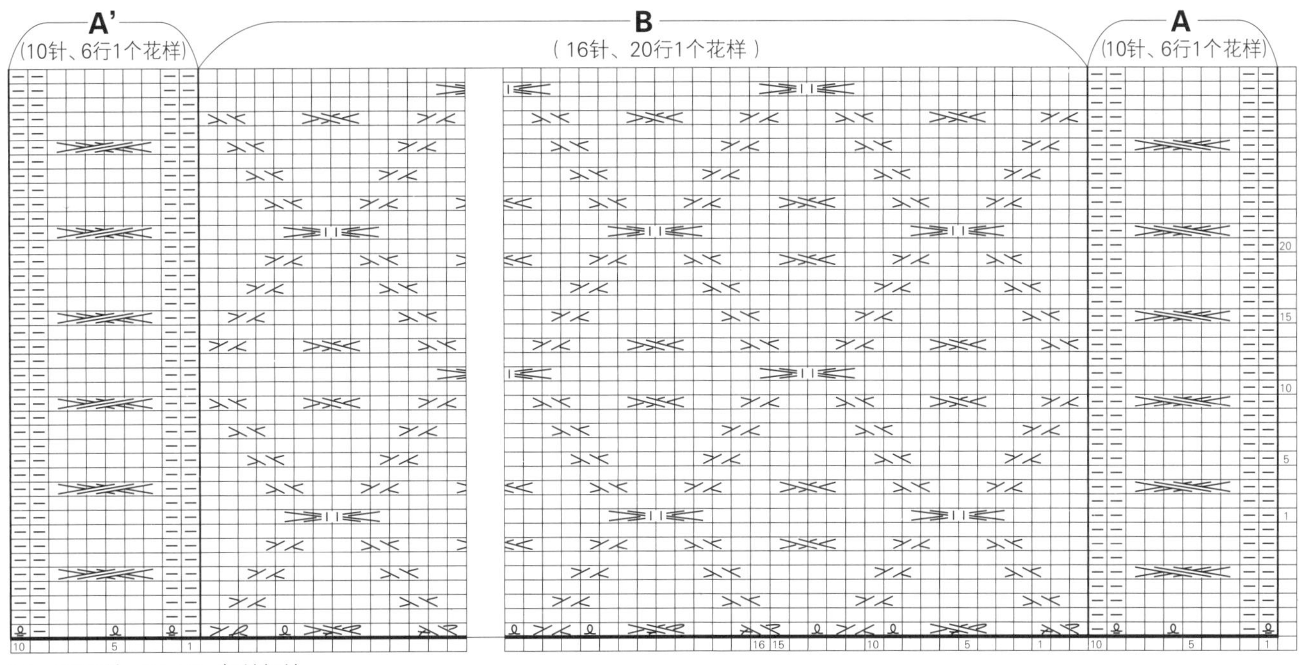
A'
(10针、6行1个花样)
B
（16针、20行1个花样）
A
(10针、6行1个花样)
20
15
10
5
1
10
5
1
16
15
10
5
1
10
5
1

□=□ 下针　扭针加针

= 一边编织扭针加针一边交叉

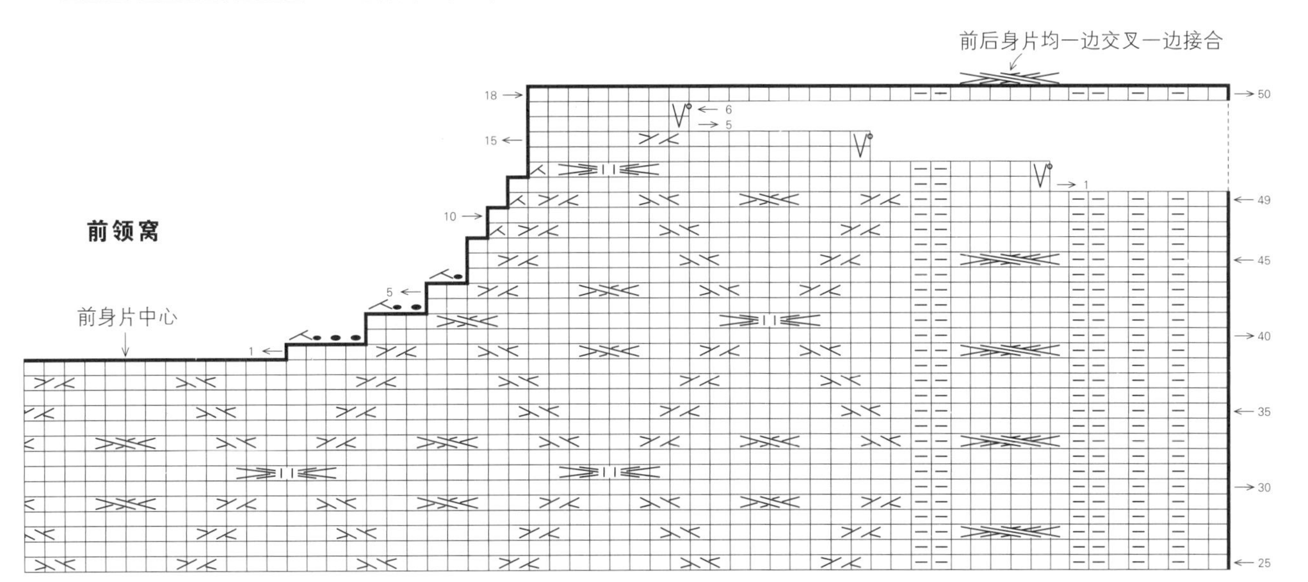
前后身片均一边交叉一边接合
18
15
10
5
1
6
5
1
50
49
45
40
35
30
25
前领窝
前身片中心

19

p.24

■材料 Ski Fraulein（中粗）靛蓝色（2942）510g/13团

■工具 棒针8号、7号、6号

■成品尺寸 胸围104cm，衣长57cm，连肩袖长73cm

■编织密度 10cm×10cm面积内：下针编织19针，23行；编织花样18.5针，25行

■编织要点 身片从胸口另线锁针起针，编织起伏针和下针编织完成育克。领窝减针时，2针及以上时做伏针减针，1针时立起侧边1针减针。斜肩做留针的引返编织。前后肩部做盖针接合。身片解开起针挑针，前后身片连在一起环形做编织花样。下摆编织双罗纹针，编织终点做下针织下针、上针织上针的伏针收针。衣袖从身片挑针，环形做编织花样，不加减针。袖口平均减针，编织双罗纹针。衣领环形编织双罗纹针，编织终点做松松的伏针收针。

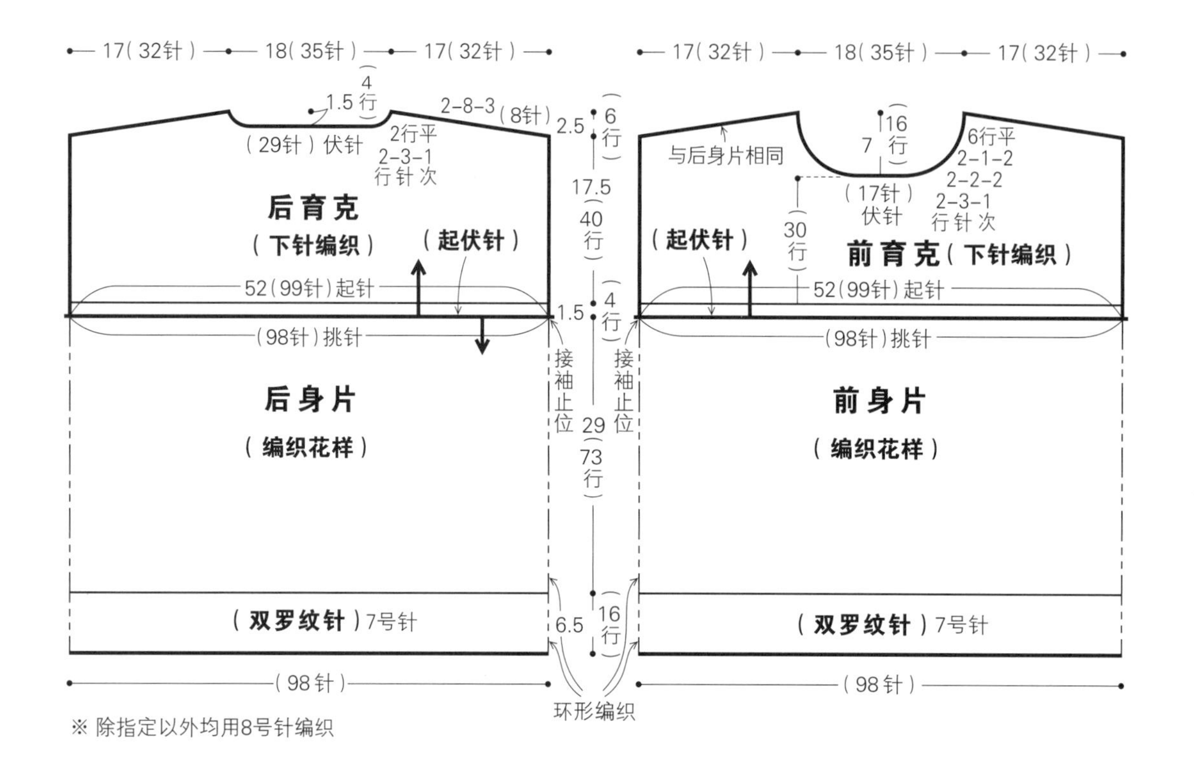

17（32针）
18（35针）
17（32针）
4行
1.5
2-8-3（8针）
2.5
6行
（29针）伏针
2行平
2-3-1
行针次
后育克
（下针编织）
（起伏针）
17.5
40行
52（99针）起针
1.5
4行
（98针）挑针
后身片
（编织花样）
接袖止位
29
73行
（双罗纹针）7号针
6.5
16行
（98针）
环形编织
与后身片相同
16行
7
6行平
2-1-2
2-2-2
2-3-1
行针次
（17针）伏针
30行
前育克（下针编织）
前身片
※ 除指定以外均用8号针编织

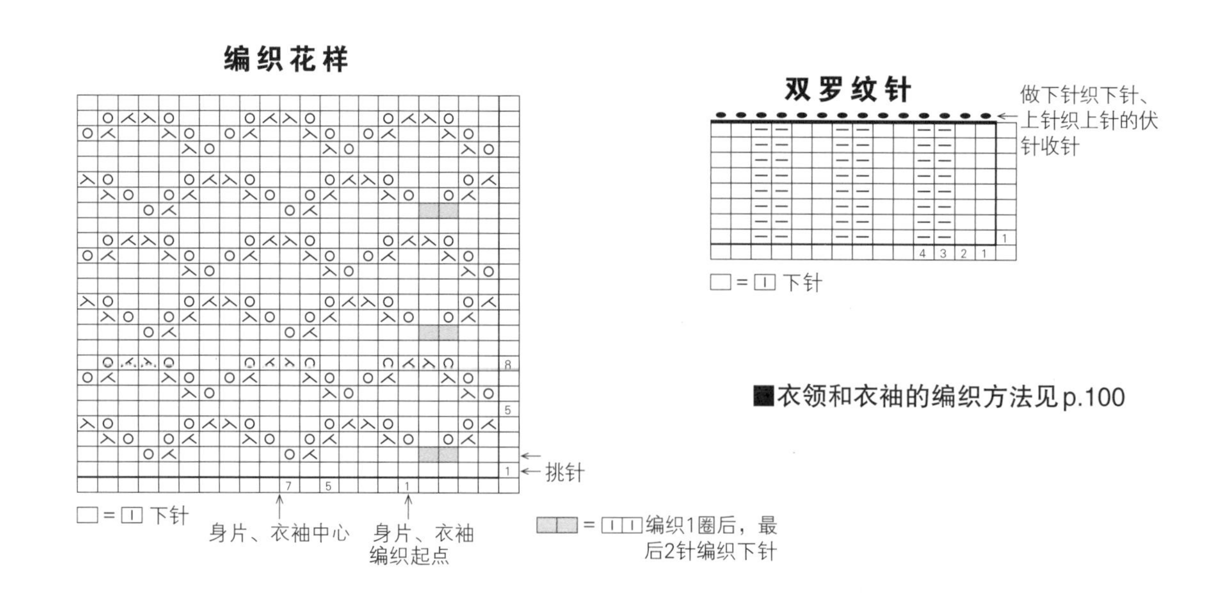

编织花样
挑针
□=□ 下针
身片、衣袖中心
身片、衣袖编织起点
▒▒=□□编织1圈后，最后2针编织下针
双罗纹针
做下针织下针、上针织上针的伏针收针
□=□ 下针

■衣领和衣袖的编织方法见p.100

15

p.19

■材料　Ski 风花(中细)褐色(2009)100g/4团、橙色(2014)80g/3团、黄色(2015)80g/3团

■工具　钩针5/0号

■成品尺寸　胸围100cm，肩宽38cm，衣长56.5cm

■编织密度　10cm×10cm面积内：条纹花样5个花样，14行

■编织要点　后身片在下摆位置锁针起针，挑起锁针的半针和里山编织条纹花样。袖窿参照图1、图2钩织，后领窝参照图3钩织。左前身片在前中心从锁针起针挑针，按照图示横向编织条纹花样，注意配色顺序和后身片不同。从起针上面挑针，编织右前身片。肩部做卷针缝缝合，胁部使用毛线缝针做挑针缝合。下摆钩织条纹边缘A，袖窿钩织条纹边缘B，均环形编织。衣领、前门襟钩织条纹边缘B'，前门襟穿上钩织好的细绳。配色的渡线用边缘编织第1行的短针包住。

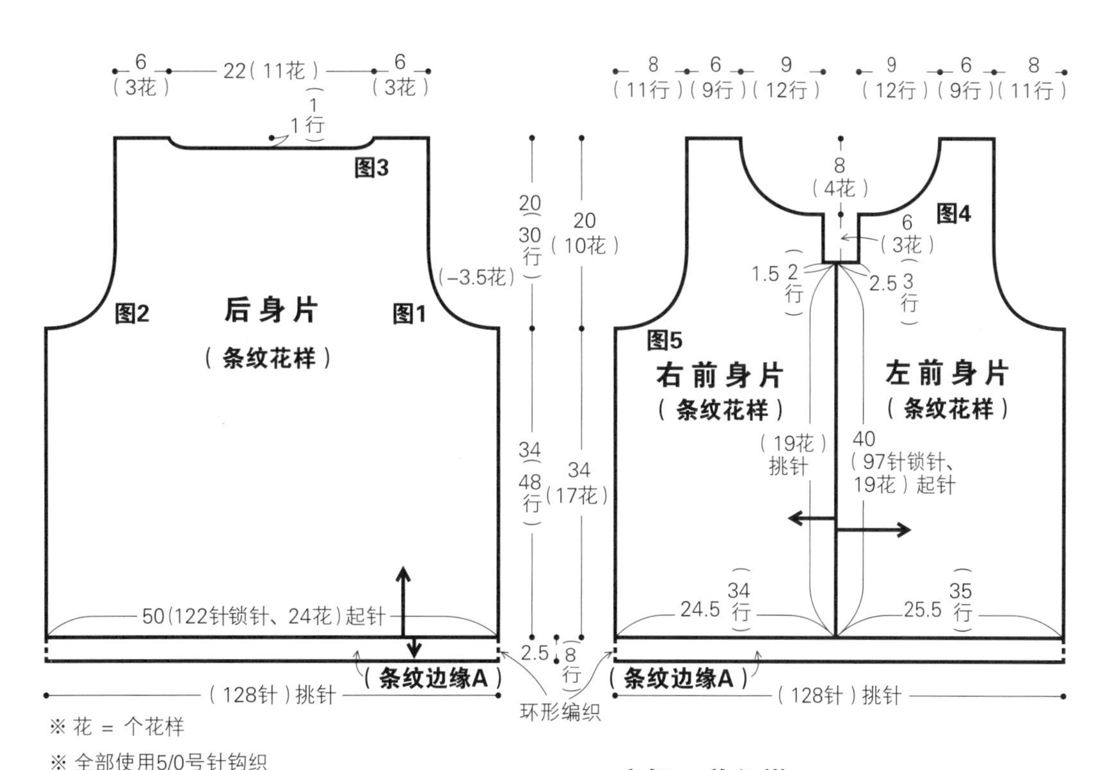

6 (3花)
22(11花)
6 (3花)
1 1行
图3
图2
后身片
(条纹花样)
图1
(-3.5花)
20 30行
20 (10花)
34 48行
34 (17花)
50(122针锁针、24花)起针
(条纹边缘A)
(128针)挑针
2.5 8行
环形编织
8 (11行) 6 (9行) 9 (12行)
9 (12行) 6 (9行) 8 (11行)
8 (4花)
图4
6 (3花)
1.5 2行
2.5 3行
图5
右前身片
(条纹花样)
左前身片
(条纹花样)
(19花)挑针
40 (97针锁针、19花)起针
24.5 34行
25.5 35行
(条纹边缘A)
(128针)挑针

※ 花 = 个花样

※ 全部使用5/0号针钩织

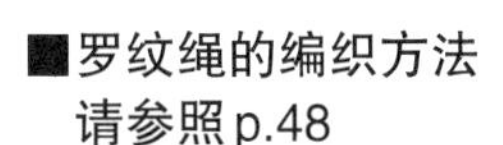

■罗纹绳的编织方法
请参照p.48

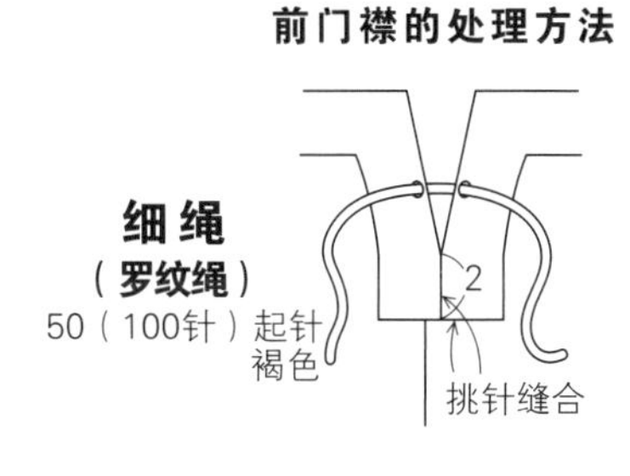

前门襟的处理方法
细绳
(罗纹绳)
50(100针)起针
褐色
2
挑针缝合

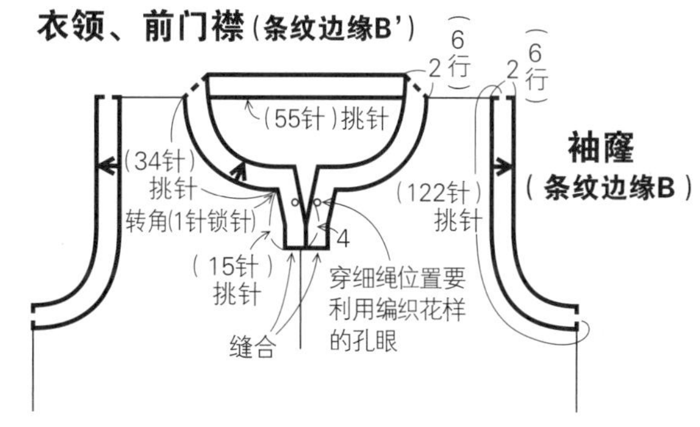

衣领、前门襟(条纹边缘B')
2 6行
2 6行
(55针)挑针
(34针)挑针
转角(1针锁针)
(15针)挑针
4
缝合
穿细绳位置要利用编织花样的孔眼
(122针)挑针
袖窿
(条纹边缘B)

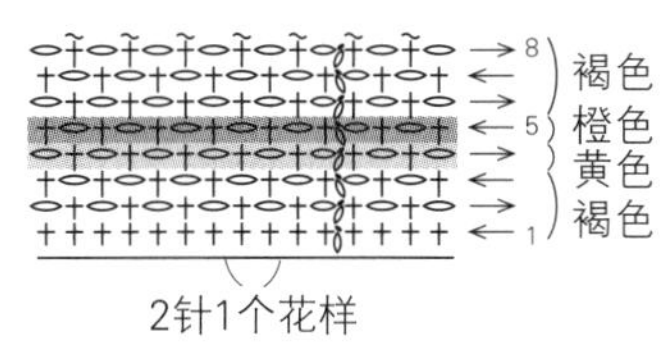

条纹边缘A(下摆)
8
5
1
褐色
橙色
黄色
褐色
2针1个花样

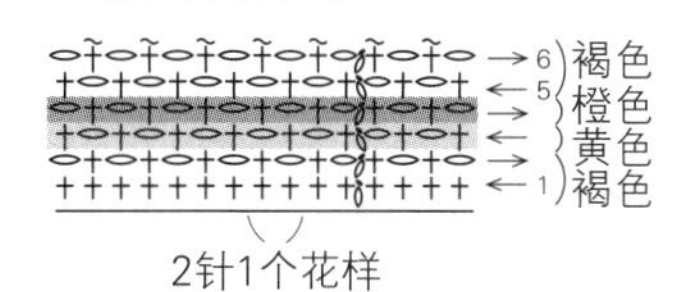

条纹边缘B(袖口)
6
5
1
褐色
橙色
黄色
褐色
2针1个花样

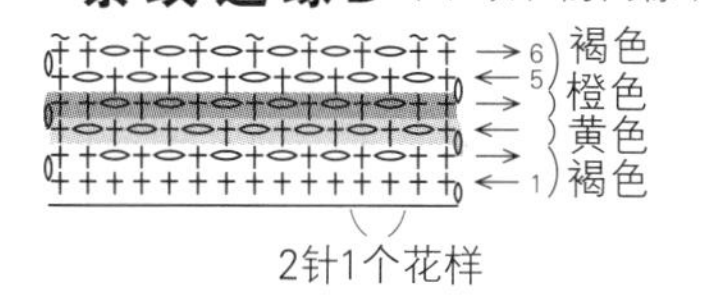

条纹边缘B'(衣领、前门襟)
6
5
1
褐色
橙色
黄色
褐色
2针1个花样

= 反短针，请参照p.101

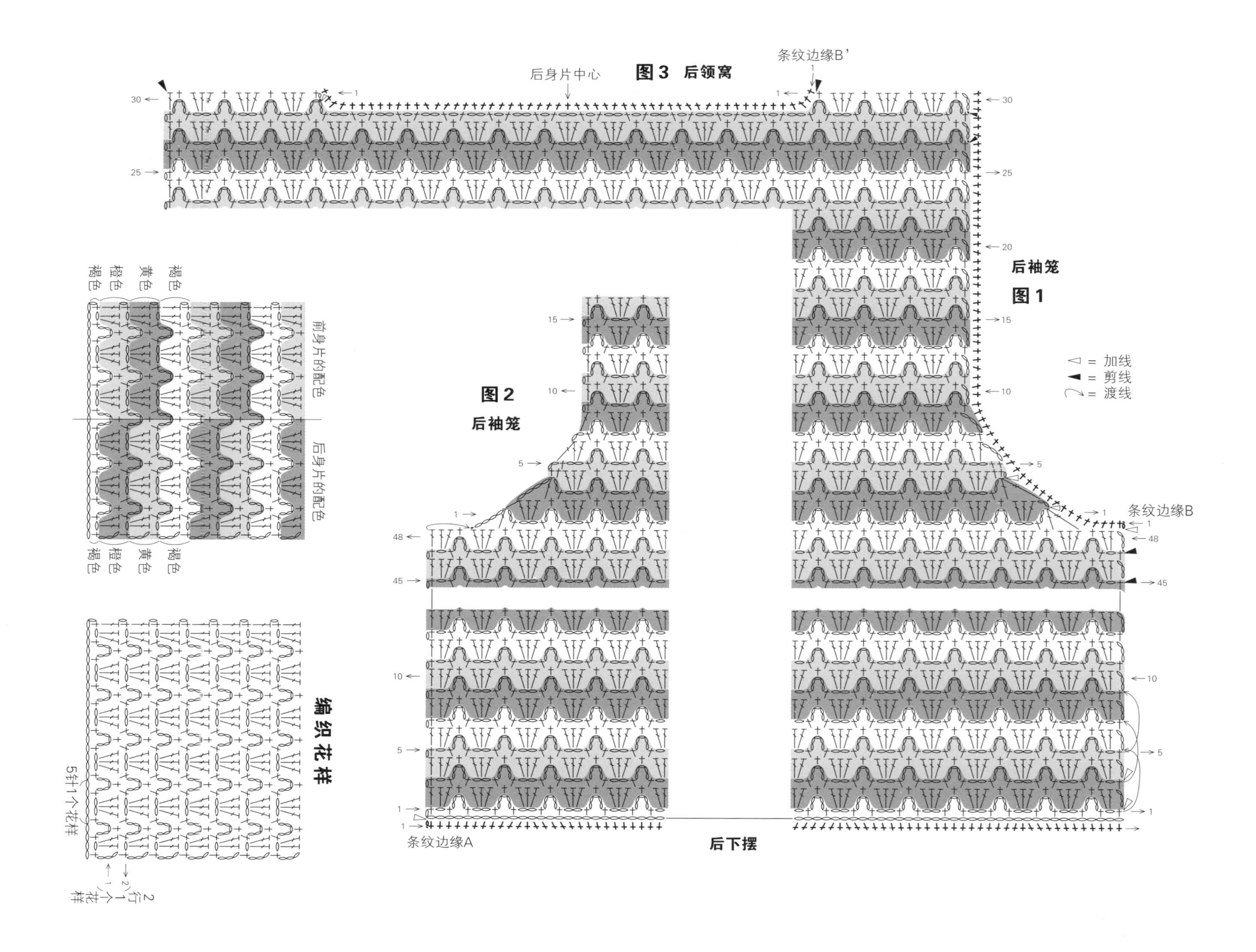

图3 后领窝
后身片中心
条纹边缘B'
后袖笼
图1
◁ = 加线
◀ = 剪线
⌒ = 渡线
图2
后袖笼
条纹边缘B
条纹边缘A
后下摆
前身片的配色
后身片的配色
褐色
黄色
橙色
褐色
编织花样
5针1个花样
2行1个花样

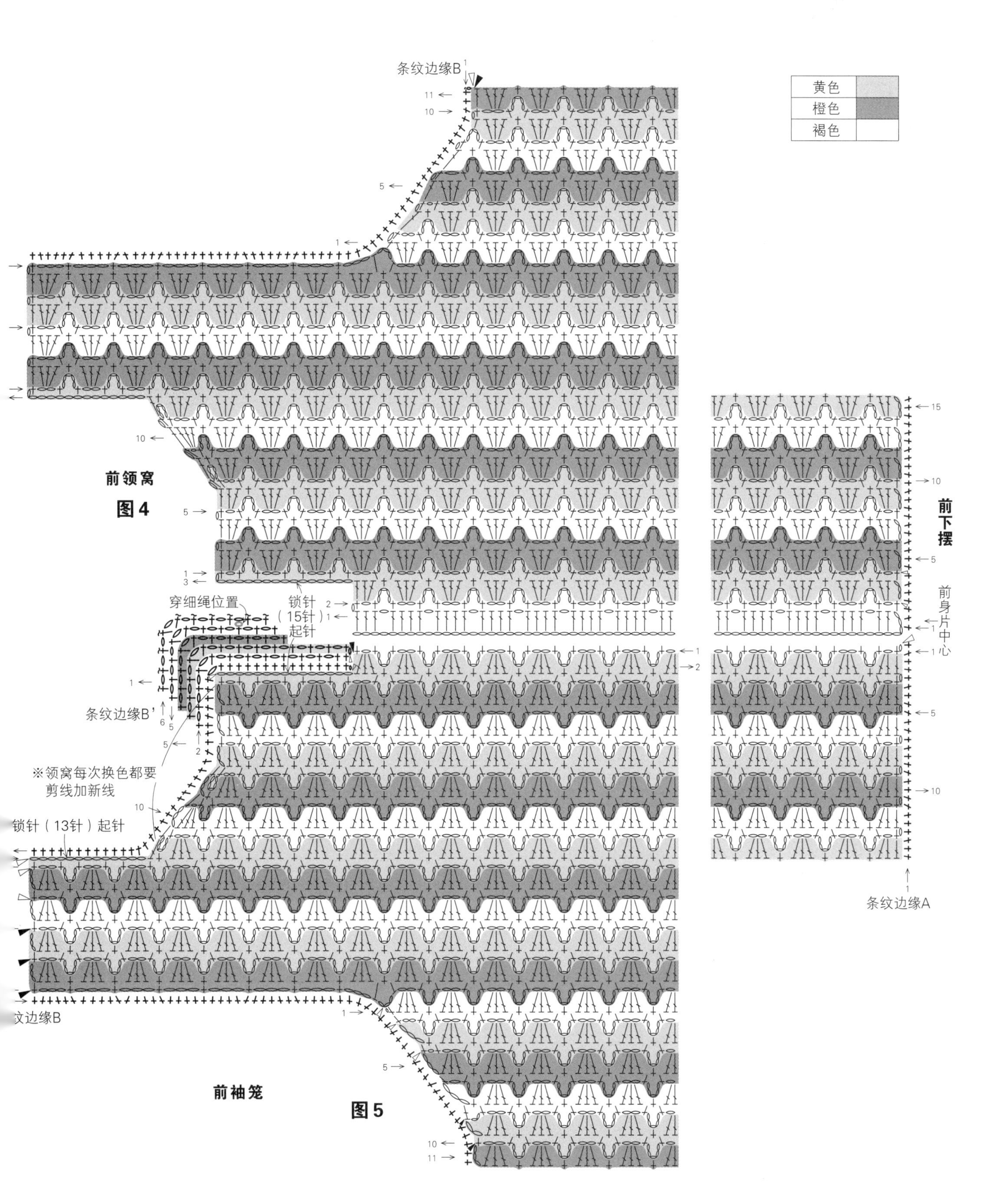

条纹边缘B
黄色
橙色
褐色
前领窝
图4
穿细绳位置
锁针（15针）起针
条纹边缘B'
※领窝每次换色都要剪线加新线
锁针（13针）起针
纹边缘B
前下摆
前身片中心
条纹边缘A
前袖笼
图5

20

p.26

■**材料** Ski Lana Melange（粗）褐色系（2827）440g/15团，直径1.8cm的纽扣7颗

■**工具** 棒针8号、6号

■**成品尺寸** 胸围99cm，肩宽36cm，衣长56.5cm，袖长53cm

■**编织密度** 10cm×10cm面积内：编织花样A 25.5针，31行（8号针）；编织花样B 25.5针，31行；双罗纹针24针，31行

■**编织要点** 身片手指起针，按照图示做编织花样A，在交界处换为编织花样B。袖窿和领窝减针时，2针及以上时做伏针减针，1针时立起侧边1针减针。衣袖做编织花样A和双罗纹针，袖下在侧边1针内侧编织扭针加针。肩部做盖针接合，胁部和袖下使用毛线缝针做挑针缝合。前门襟手指起针，编织单罗纹针，右前门襟开扣眼。前门襟和前身片使用毛线缝针做挑针缝合，衣领从前门襟和领窝挑针，编织单罗纹针，做下针织下针、上针织上针的伏针收针。钩引拔针将衣袖接合于身片。

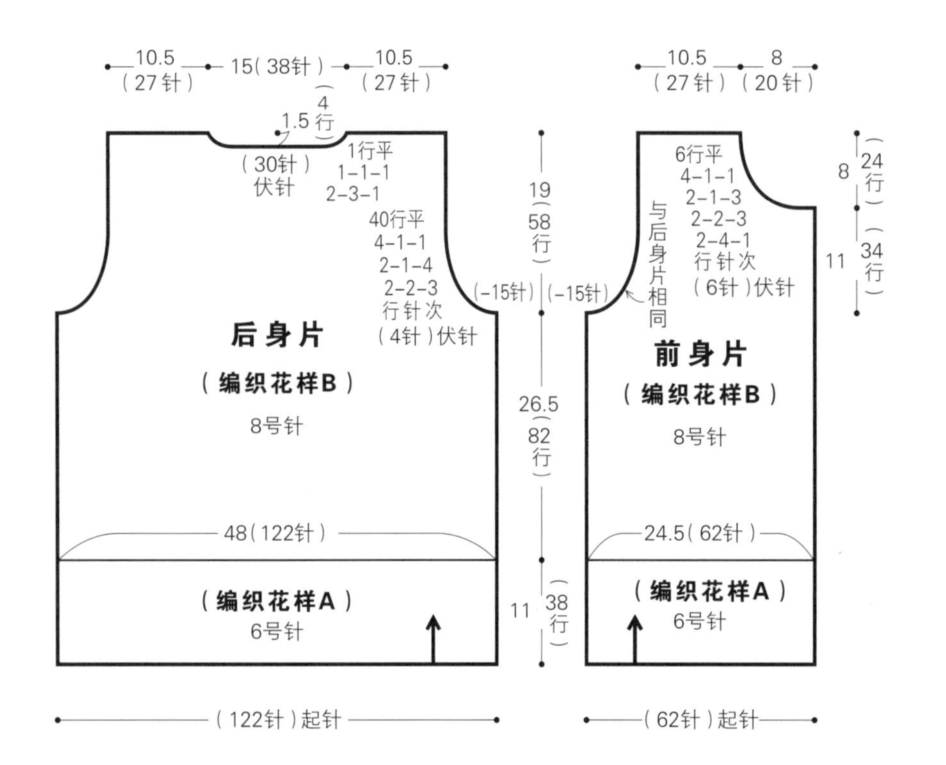

10.5（27针）
15（38针）
10.5（27针）
4行
1.5
（30针）伏针
1行平
1-1-1
2-3-1
40行平
4-1-1
2-1-4
2-2-3
行针次
（4针）伏针
19（58行）
26.5（82行）
11（38行）
（-15针）
后身片
（编织花样B）
8号针
48（122针）
（编织花样A）
6号针
（122针）起针
10.5（27针）
8（20针）
6行平
4-1-1
2-1-3
2-2-3
2-4-1
行针次
（6针）伏针
与后身片相同
8（24行）
11（34行）
前身片
（编织花样B）
8号针
24.5（62针）
（编织花样A）
6号针
（62针）起针

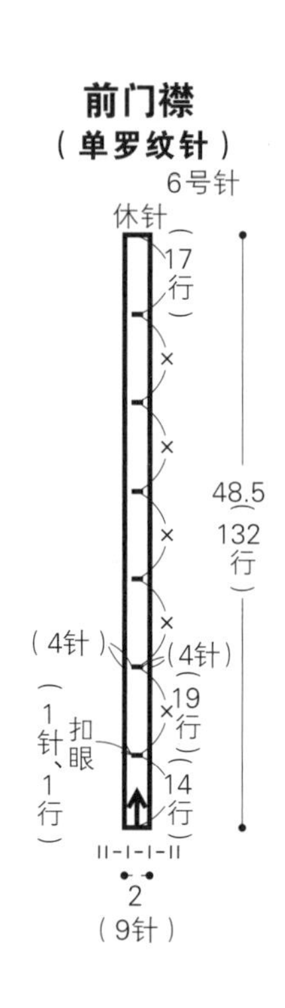

前门襟
（单罗纹针）
6号针
休针
17行
48.5（132行）
（4针）
19行
14行
1针、1行
扣眼
2（9针）

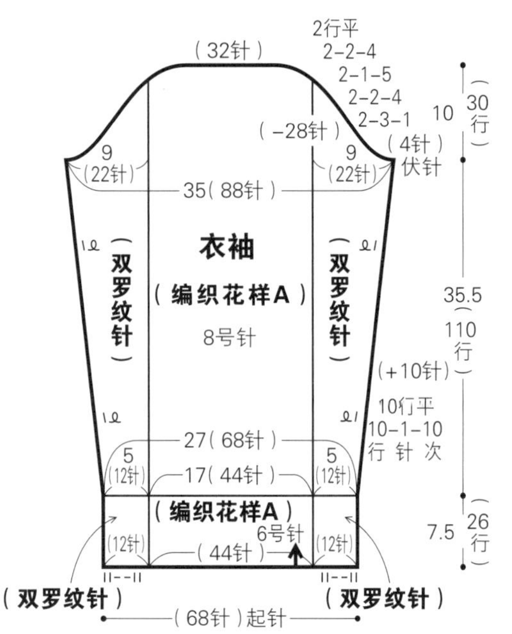

（32针）
2行平
2-2-4
2-1-5
2-2-4
2-3-1
（-28针）
10（30行）
9（22针）
（4针）伏针
35（88针）
衣袖
（编织花样A）
8号针
（双罗纹针）
35.5（110行）
（+10针）
10行平
10-1-10
行针次
27（68针）
5（12针）
17（44针）
（编织花样A）
6号针
（44针）
7.5（26行）
（双罗纹针）
（68针）起针

双罗纹针

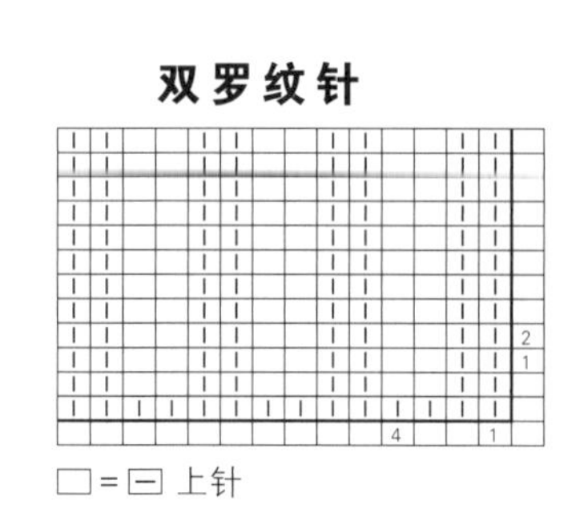

2
1
4
1
□=⊟ 上针

衣领（单罗纹针）6号针

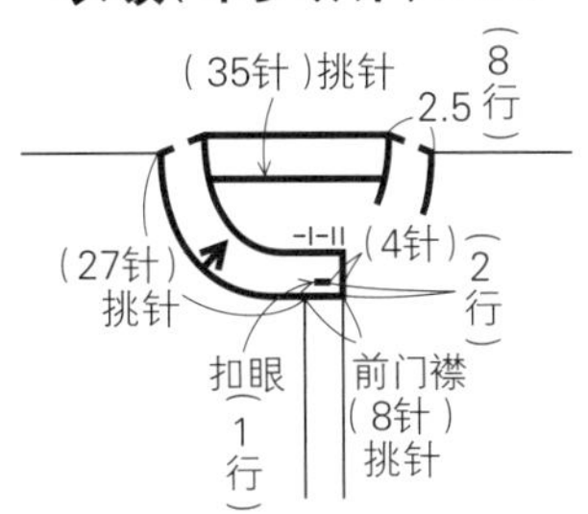

（35针）挑针
2.5
8行
（27针）挑针
（4针）
2行
扣眼
（1行）
前门襟
（8针）挑针

衣领和扣眼

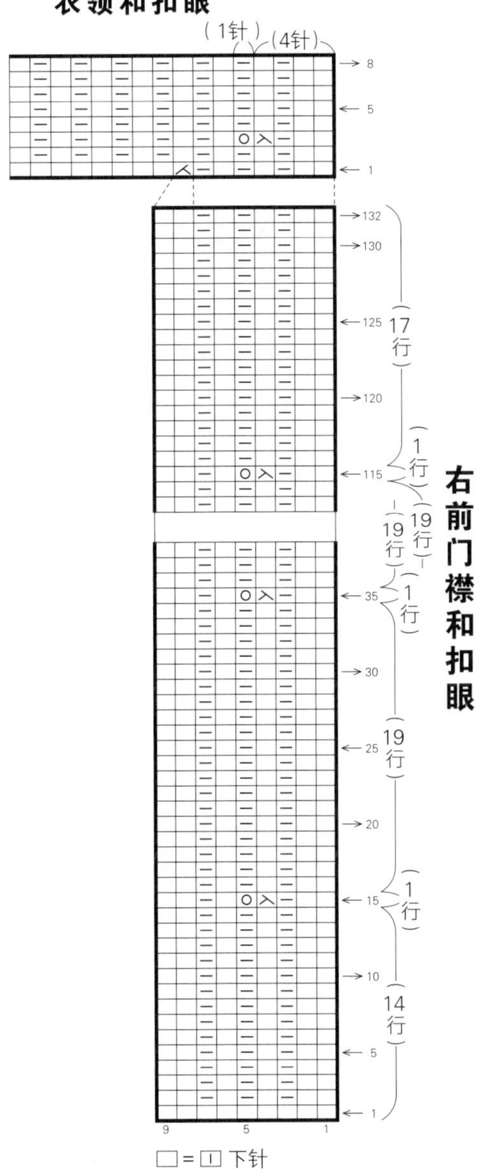

（1针）
（4针）
右前门襟和扣眼
17行
1行
19行
19行
1行
19行
1行
14行

□=Ⅰ 下针

编织花样

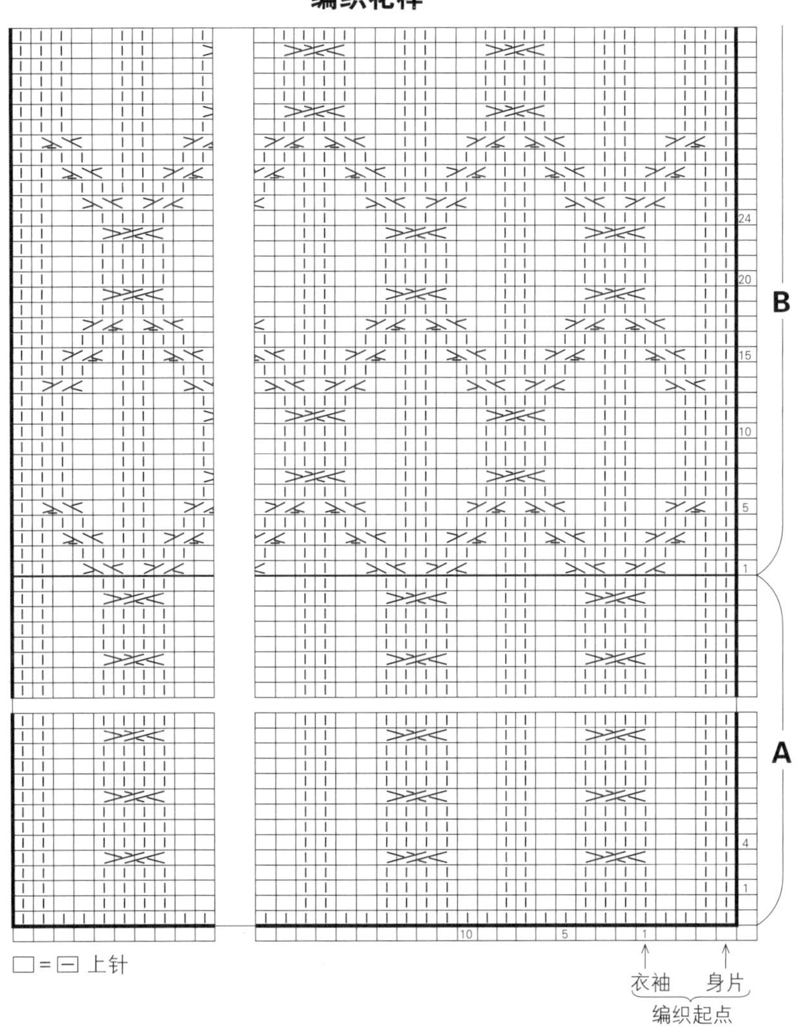

B
A
衣袖
身片
编织起点

□=— 上针

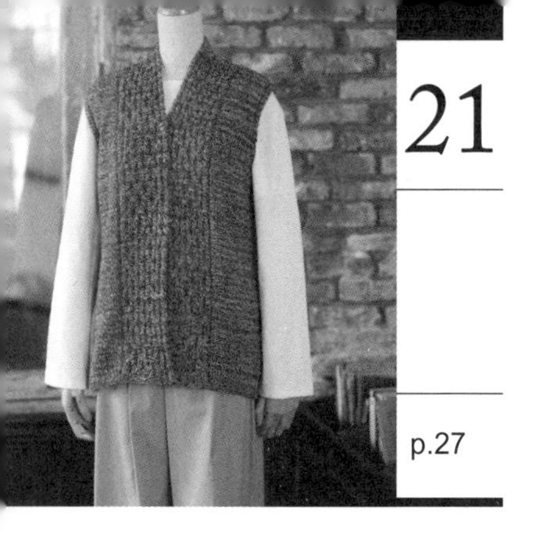

21

p.27

■**材料** Ski Le Bois(中粗)苔绿色系段染(2341)260g/9团，直径1.5cm的纽扣4颗

■**工具** 棒针6号、4号

■**成品尺寸** 胸围105cm，肩宽40cm，衣长65cm

■**编织密度** 10cm×10cm面积内：下针编织18针，28行；编织花样25.5针，28行

■**编织要点** 后身片手指起针，编织起伏针，然后做下针编织。袖窿将侧边换为5针双罗纹针，在内侧减针。斜肩做留针的引返编织，编织终点休针。前身片的起针方法和后身片相同，前门襟一起编织双罗纹针。然后做编织花样和下针编织，右前门襟开扣眼。前领窝在编织花样外侧减针。肩部做盖针接合，前身片分别在10处编织2针并1针。胁部使用毛线缝针做挑针缝合。

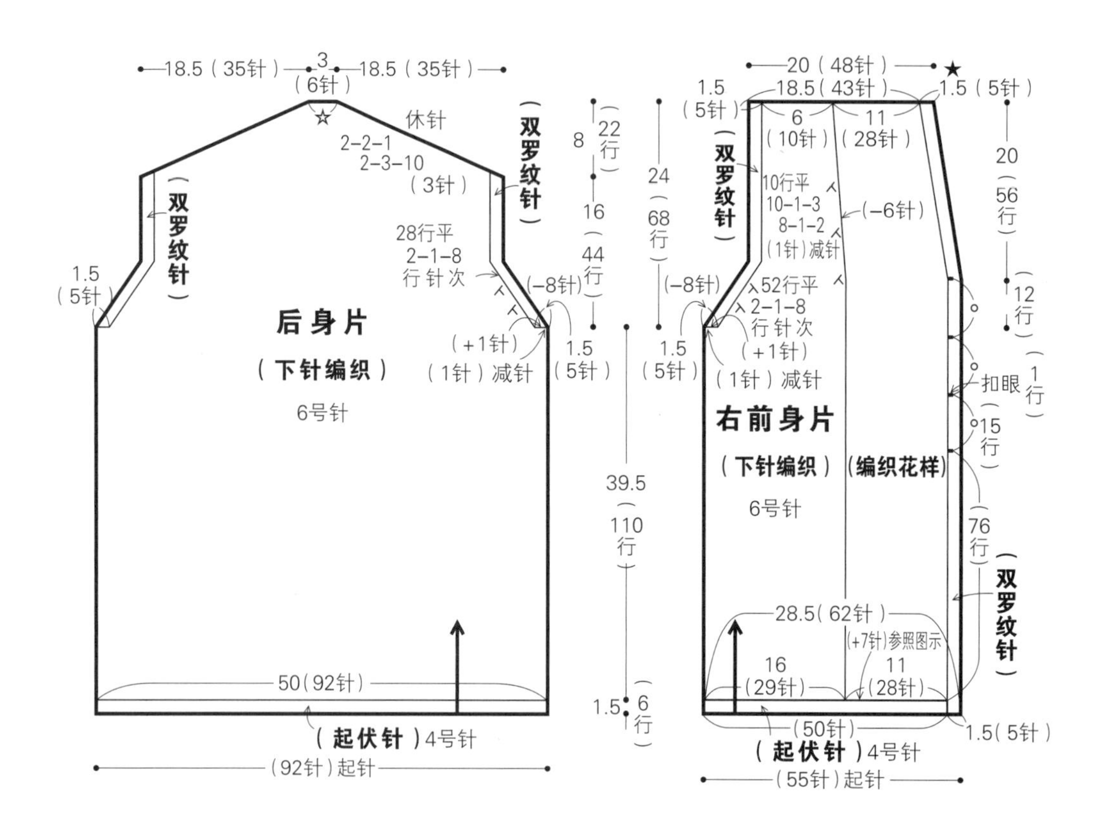

18.5(35针)
3(6针)
18.5(35针)
休针
2-2-1
2-3-10
(3针)
(双罗纹针)
28行平
2-1-8
行针次
(-8针)
1.5(5针)
后身片
(下针编织)
6号针
(+1针)
(1针)减针
50(92针)
(起伏针)4号针
(92针)起针
8
(22行)
16
(44行)
24
(68行)
39.5
(110行)
1.5
(6行)
20(48针)
18.5(43针)
1.5(5针)
6
(10针)
11
(28针)
10行平
10-1-3
8-1-2
(1针)减针
(-6针)
52行平
2-1-8
行针次
20
(56行)
12
(12行)
扣眼
1
(1行)
15
(15行)
76
(76行)
右前身片
(下针编织)
(编织花样)
6号针
28.5(62针)
(+7针)参照图示
16
(29针)
11
(28针)
(50针)
(55针)起针
1.5(5针)

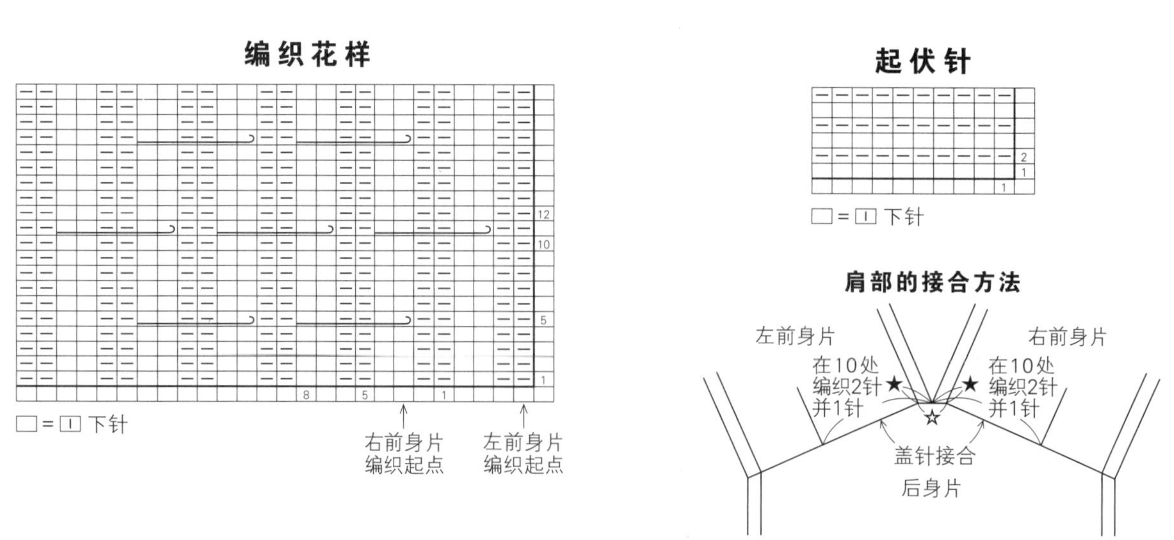

编织花样
12
10
5
1
8
5
1
□=□ 下针
右前身片
编织起点
左前身片
编织起点
起伏针
2
1
1
□=□ 下针
肩部的接合方法
左前身片
右前身片
在10处
编织2针
并1针
盖针接合
后身片

向右拉的盖针（3针）

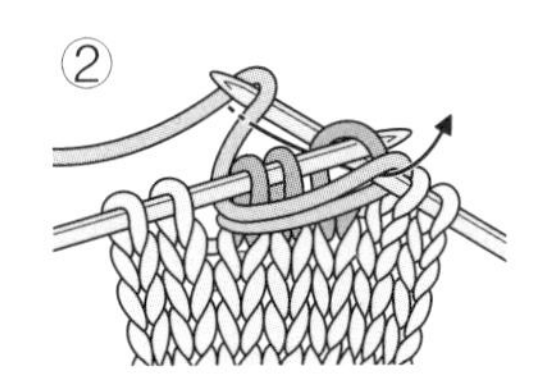

①将右棒针插入3针左边的缝隙，挂线并拉出。

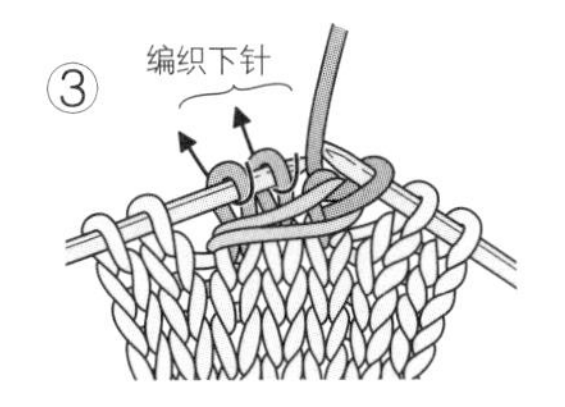

②改变拉出的针目方向，和第1针一起编织下针。

③后面2针分别编织下针。

编织下针

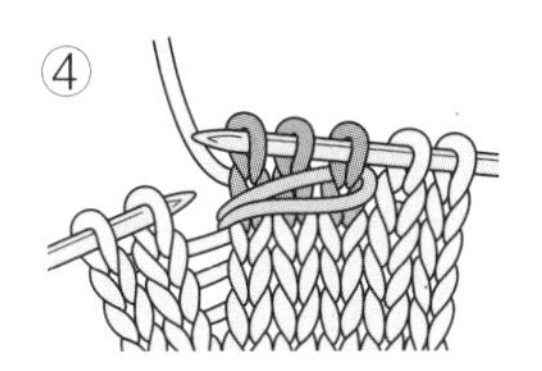

④向右拉的盖针（3针）完成。

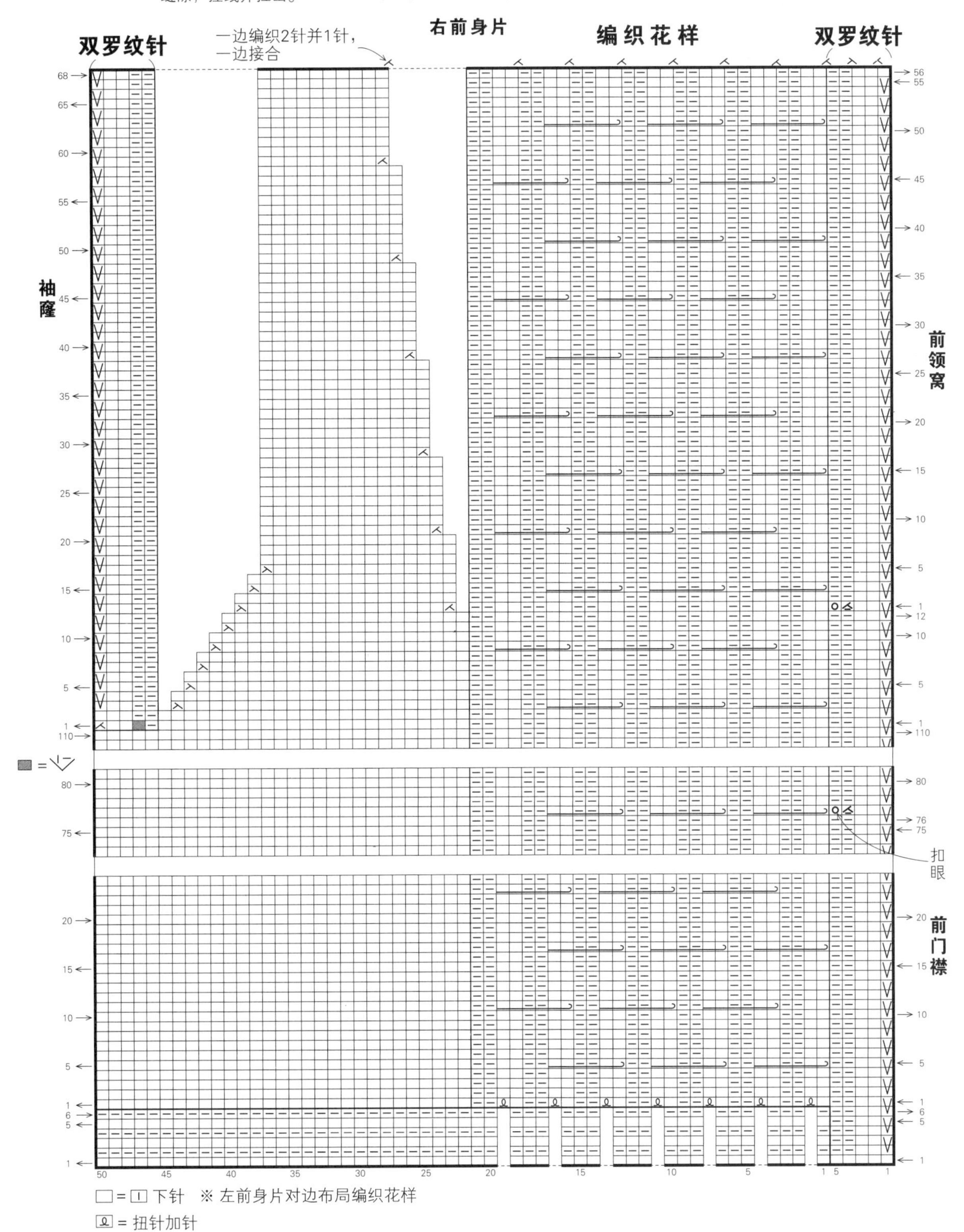

双罗纹针
一边编织2针并1针，一边接合
右前身片
编织花样
双罗纹针
袖窿
前领窝
扣眼
前门襟

□=□ 下针　※ 左前身片对边布局编织花样

Ω = 扭针加针

22

p.28

■**材料** Ski Fraulein（中粗）a：蓝色（2942）30g、灰色（2944）20g、黑色（2945）15g
b：灰色（2944）30g、原白色（2933）20g、粉色（2934）15g，各1团

■**工具** 钩针6/0号、7/0号

■**成品尺寸** 掌围20cm，长16cm

■**编织密度** 条纹花样A 10cm 18针，6cm 8行；条纹花样B 10cm 6个花样，5cm 6行

■**花片大小** 5cm×5cm

■**编织要点** 在中心环形起针钩织8片花片，用剩余的B色线做半针的卷针缝缝合，每4片连接成环形。从连接花片的上部挑针，钩织指尖的条纹花样A，第3行留出拇指孔。从花片下部挑针，钩织手腕的条纹花样B。从拇指孔挑针用B色线钩织2行短针。

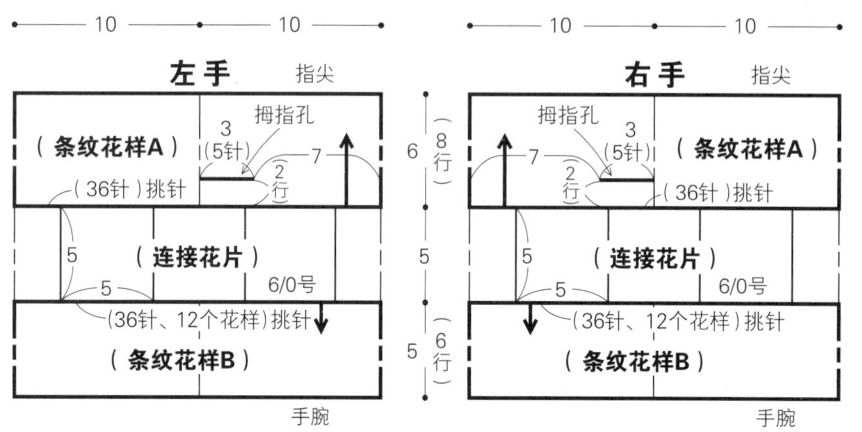

10
10
左手
指尖
（条纹花样A）
拇指孔
3（5针）
7
2行
（36针）挑针
（连接花片）
5
5
6/0号
（36针、12个花样）挑针
（条纹花样B）
手腕
6（8行）
5
5（6行）
右手
指尖
拇指
（短针）6/0号
左右通用 B色
1（2行）
6.5
（12针）挑针

※ 条纹花样A、B均在第1行用7/0号针钩织，第2行及以后用6/0号针钩织

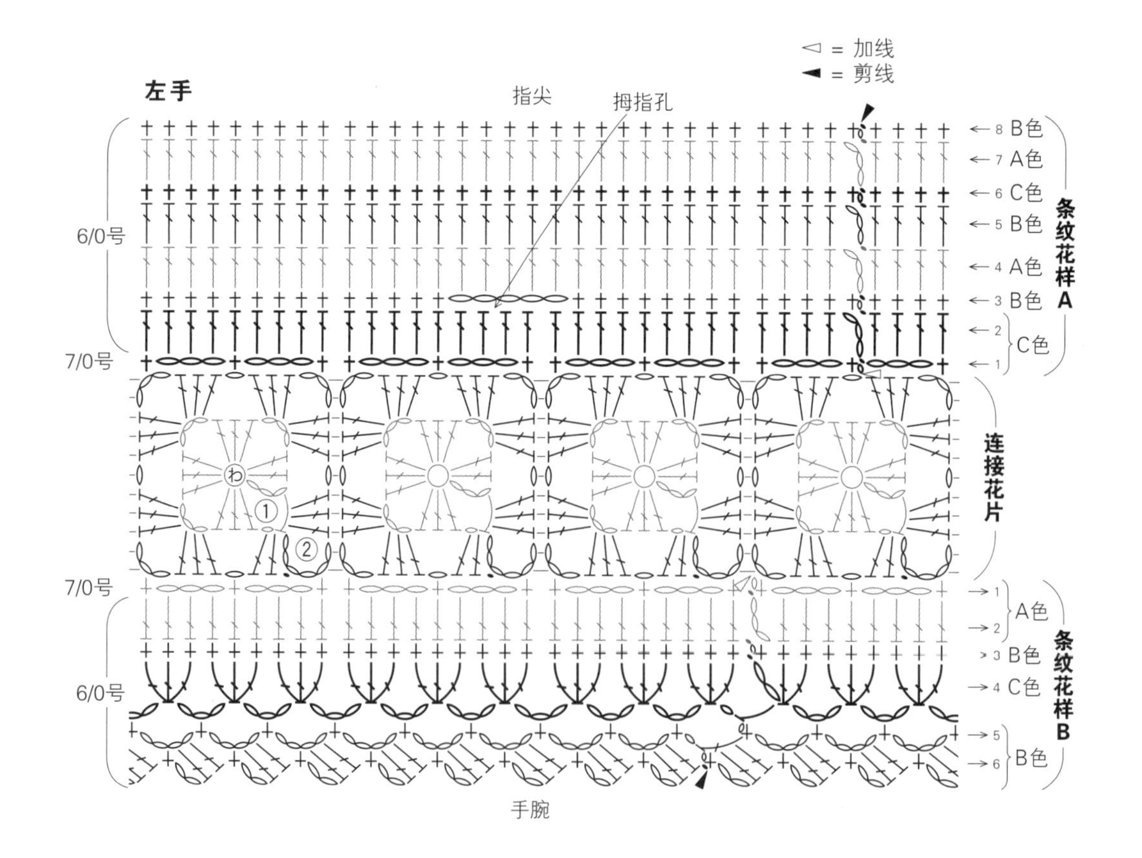

◁ = 加线
◀ = 剪线
左手
指尖
拇指孔
6/0号
7/0号
8 B色
7 A色
6 C色
5 B色
4 A色
3 B色
2
1 C色
条纹花样A
わ
①
②
连接花片
7/0号
6/0号
1
2 A色
3 B色
4 C色
5
6 B色
条纹花样B
手腕

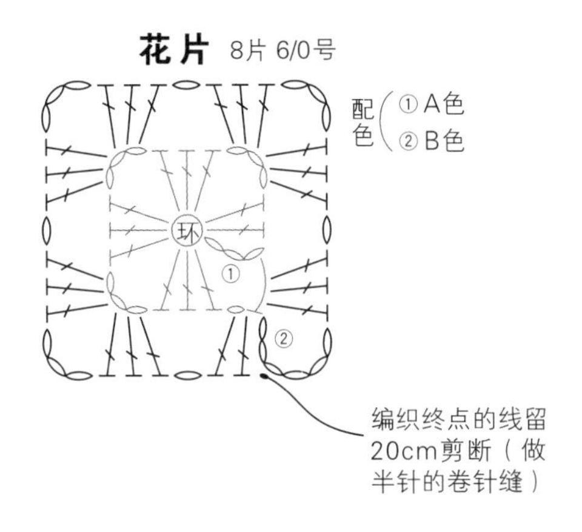
花片 8片 6/0号
配色 ①A色 ②B色
环
①
②
编织终点的线留20cm剪断（做半针的卷针缝）

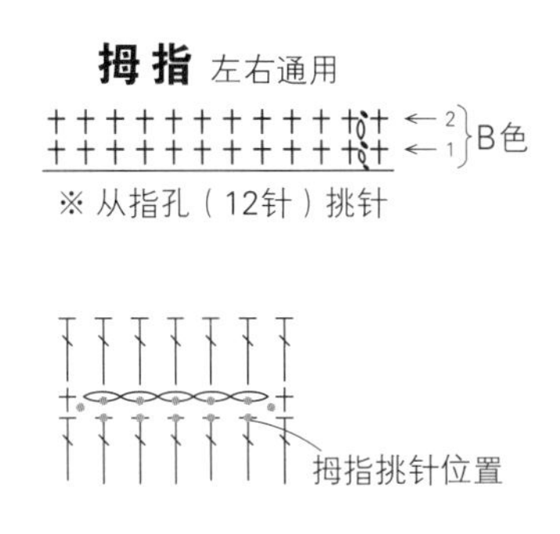
拇指 左右通用
2
1
B色
※ 从指孔（12针）挑针
拇指挑针位置

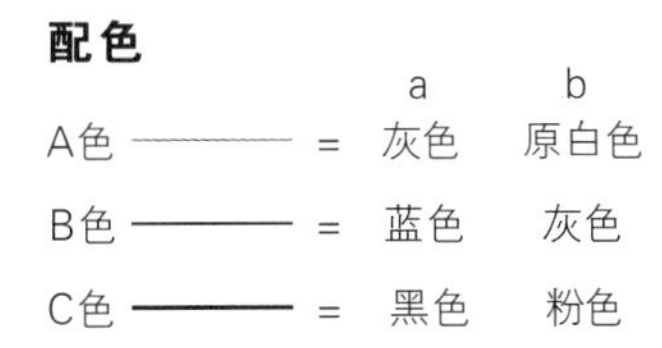
配色
a b
A色 = 灰色 原白色
B色 = 蓝色 灰色
C色 = 黑色 粉色

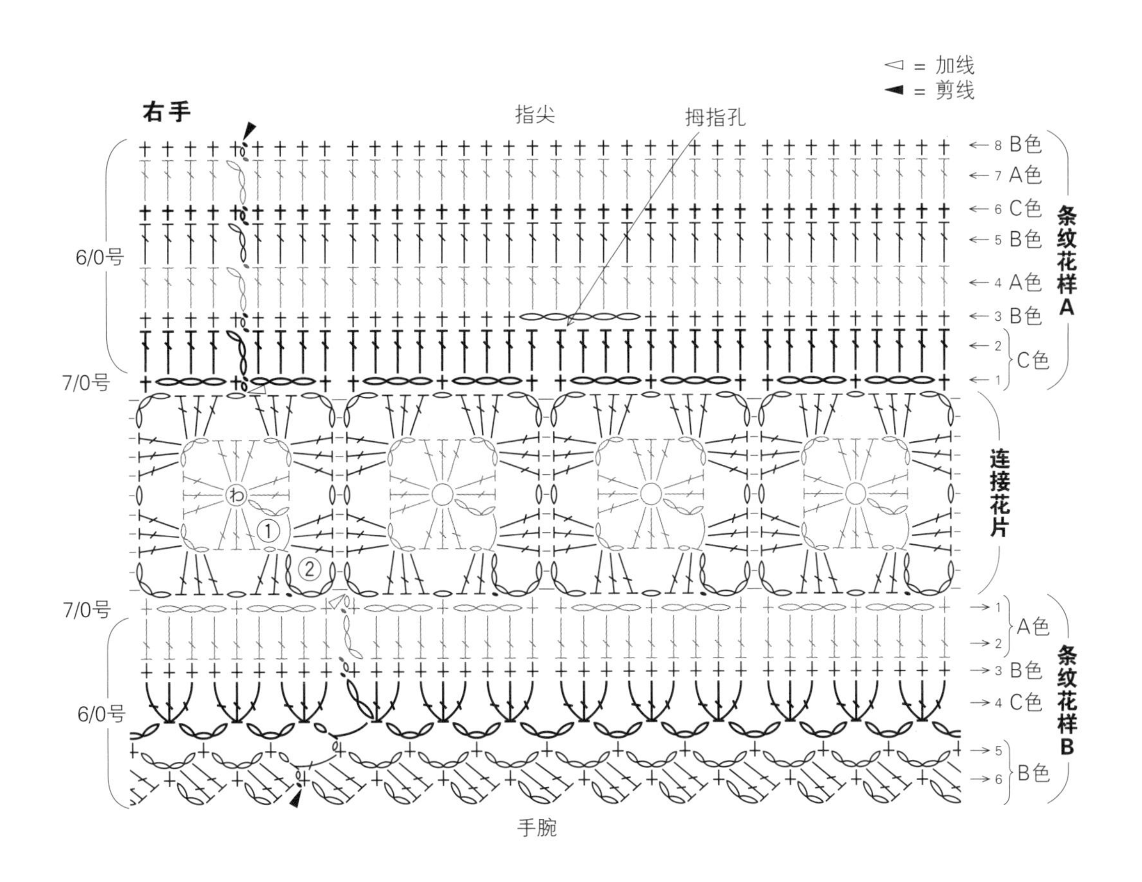
◁ = 加线
◀ = 剪线
右手
指尖
拇指孔
8 B色
7 A色
6 C色
5 B色
4 A色
3 B色
2
1
C色
条纹花样A
6/0号
7/0号
わ
①
②
连接花片
7/0号
1
2
A色
3 B色
4 C色
5
6
B色
条纹花样B
6/0号
手腕

23

p.29

■材料　Ski Trueno（粗）a：黄色系段染（2712）b：红色系段染（2713）各80g/ 各3团
■工具　钩针6/0号
■成品尺寸　掌围19cm，长22.5cm
■花片大小　边长10cm的三角形
■编织要点　环形起针，用以长针的正拉针和反拉针为中心的编织花样钩织三角形花片。从第2片开始，将钩针从长针中取出插入相邻花片的头部进行连接，角部锁针换为引拔针，连接6片花片。纵向对折，在手腕环形编织短针和编织花样，手指环形做1行编织花样。拇指也环形做编织花样。对齐相同标记（△、▲）做引拔接合。左右钩织相同形状的织片。

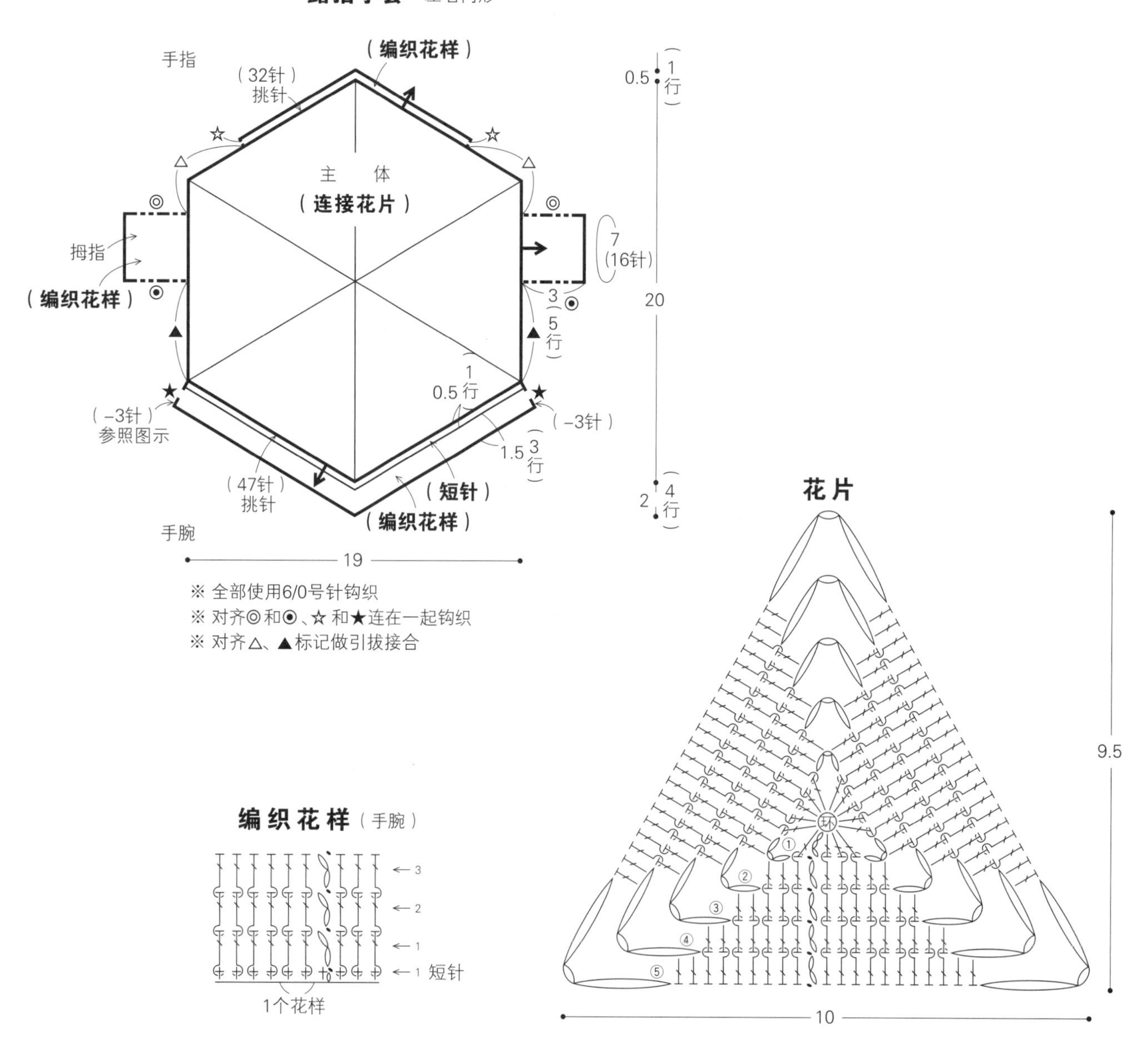

露指手套　左右同形
手指
（编织花样）
（32针）挑针
主　体
（连接花片）
拇指
（编织花样）
7（16针）
3
5行
0.5 1行
20
2 4行
1 0.5行
1.5 3行
（-3针）参照图示
（-3针）
（47针）挑针
（短针）
（编织花样）
手腕
19
※ 全部使用6/0号针钩织
※ 对齐◎和◉、☆和★连在一起钩织
※ 对齐△、▲标记做引拔接合
编织花样（手腕）
3
2
1
1 短针
1个花样
花片
环
9.5
10

⇒p.101

连接花片

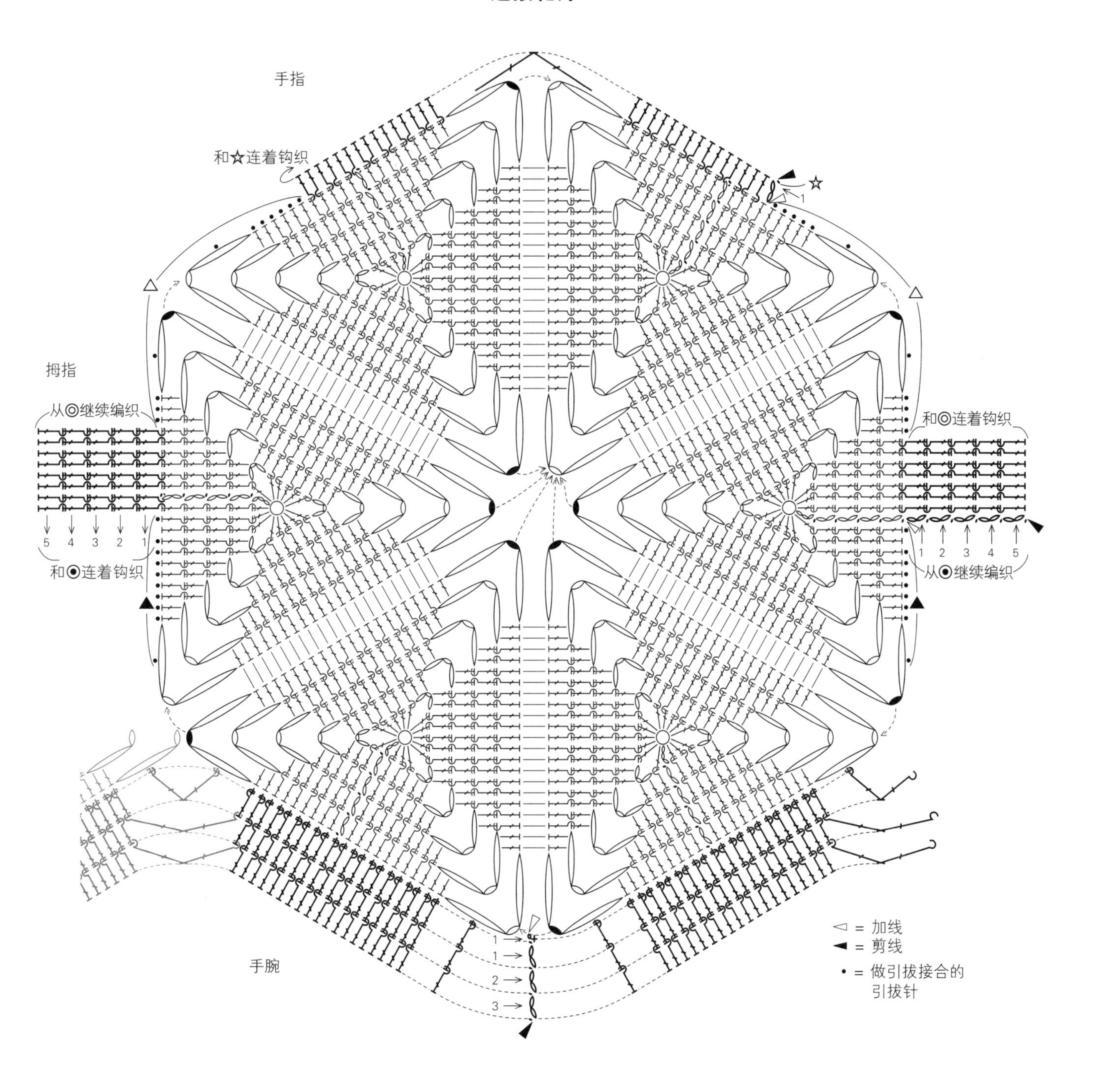

手指
和☆连着钩织
☆
1
△
△
拇指
从◎继续编织
5 4 3 2 1
和◉连着钩织
和◎连着钩织
1 2 3 4 5
从◉继续编织
1
1
2
3
手腕
◁ = 加线
◀ = 剪线
• = 做引拔接合的引拔针

25

p.31

■材料 Ski Score（中细）a：玫粉色（8）35g、浅灰色（17）40g，b：米色（16）35g、褐色（20）40g/各1团

■工具 棒针6号

■成品尺寸 鞋底长23.5cm

■编织密度 10cm×10cm面积内：起伏针19针，32行；编织花样6针3.5cm×10cm，32行

■编织要点 全部取2根相同颜色的线编织。用A色线手指起针，编织8行单罗纹针。然后编织8行以起伏针为中心的编织花样，两侧14针休针，剪断线。加线，中央16针做编织花样和起伏针。第47行在两侧减针，编织完48行后剪断线。用B色线在指定位置挑针，鞋底编织20行起伏针。将鞋底对折，做引拔接合。对齐相同标记分别用相应颜色线做挑针缝合。

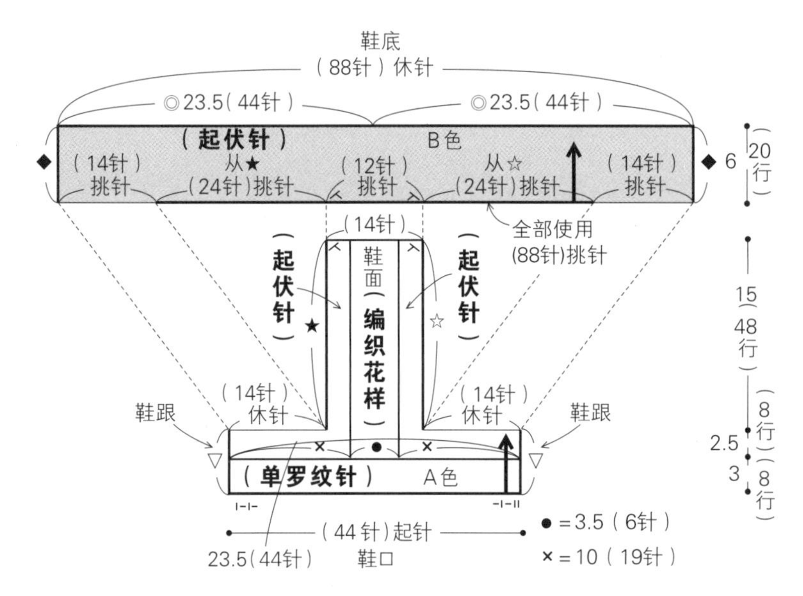

鞋底
（88针）休针
◎23.5（44针）
◎23.5（44针）
（起伏针）
B色
（14针）挑针
从★（24针）挑针
（12针）挑针
从☆（24针）挑针
（14针）挑针
6（20行）
全部使用（88针）挑针
（14针）
鞋面（编织花样）
（起伏针）
（起伏针）
15（48行）
（14针）休针
（14针）休针
鞋跟
鞋跟
2.5（8行）
3（8行）
（单罗纹针）
A色
（44针）起针
23.5（44针）
鞋口
●=3.5（6针）
×=10（19针）
※全部使用2根同色线编织
※全部使用6号针编织

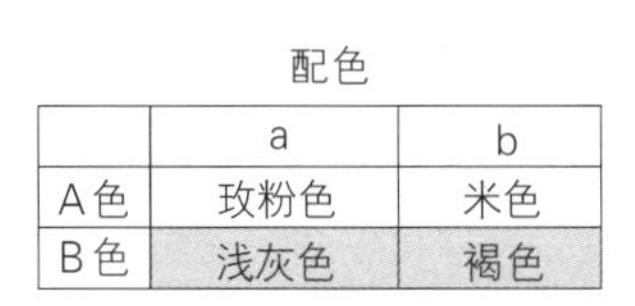

配色

	a	b
A色	玫粉色	米色
B色	浅灰色	褐色

组合方法

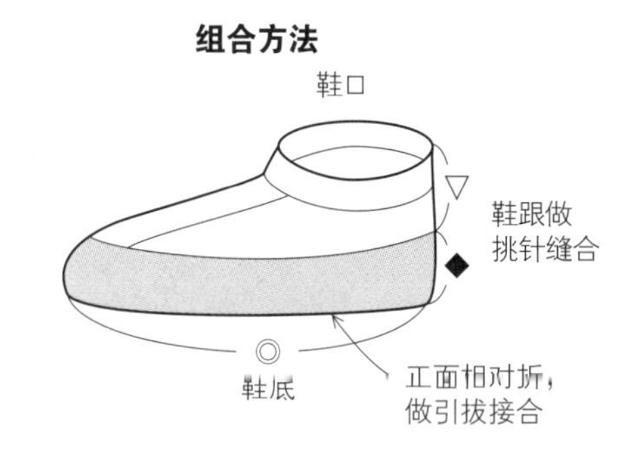

鞋口
鞋跟做挑针缝合
鞋底
正面相对折，做引拔接合

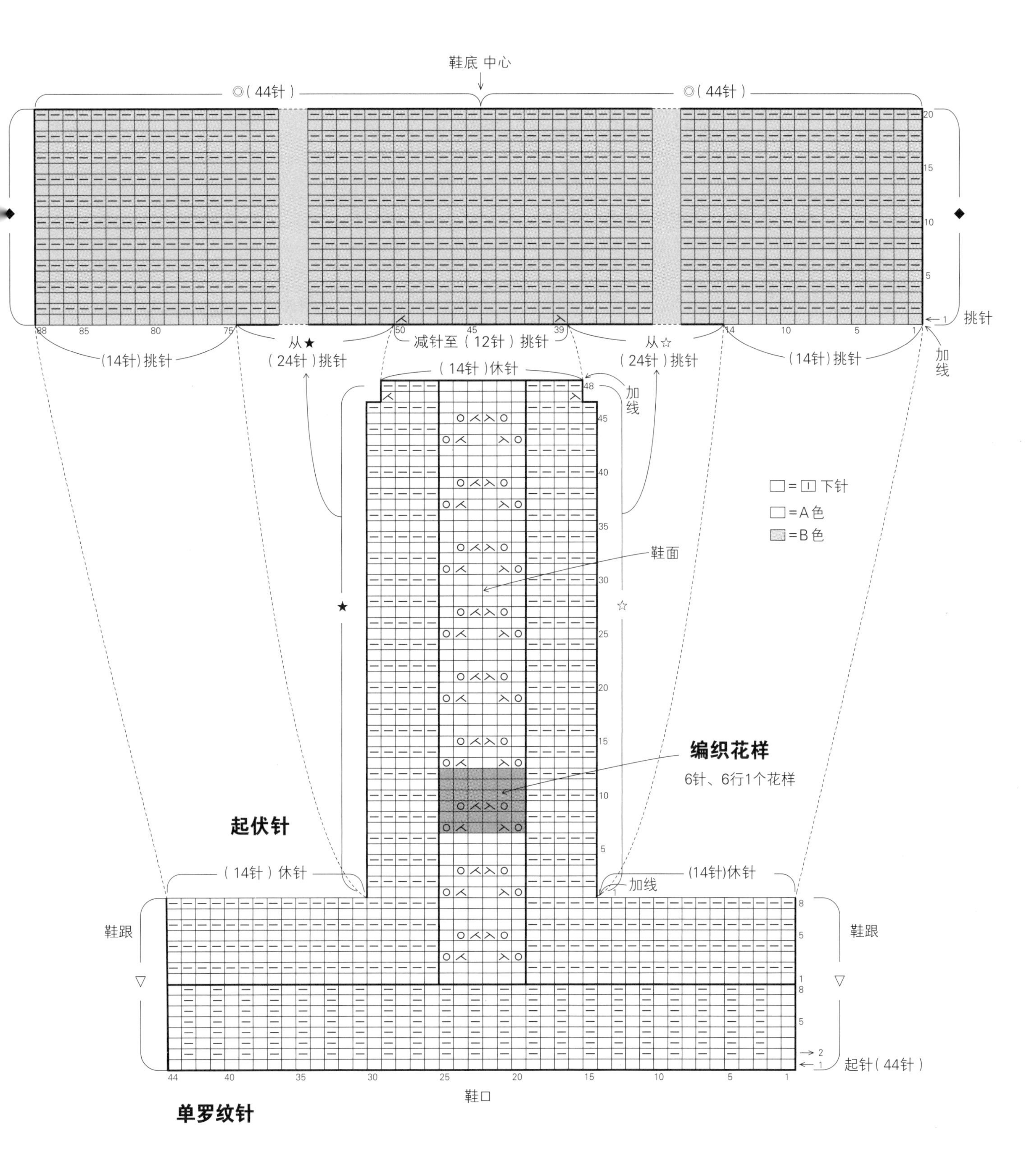

鞋底 中心
◎(44针)
◎(44针)
挑针
(14针)挑针
从★
(24针)挑针
减针至(12针)挑针
从☆
(24针)挑针
(14针)挑针
加线
(14针)休针
加线
□=□ 下针
□=A色
▨=B色
鞋面
编织花样
6针、6行1个花样
起伏针
(14针)休针
加线
(14针)休针
鞋跟
鞋跟
起针(44针)
鞋口
单罗纹针

■作品12 接p.68

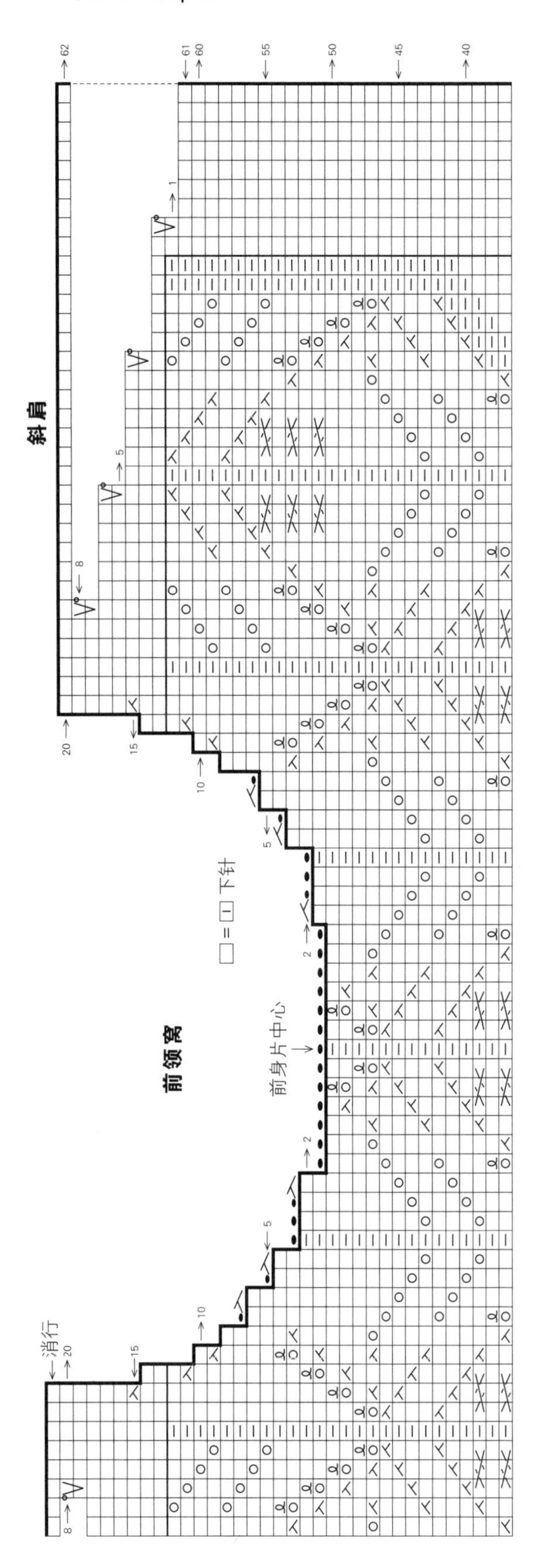
斜肩
前领窝
前身片中心
□=□ 下针
消行

■作品19 接p.86

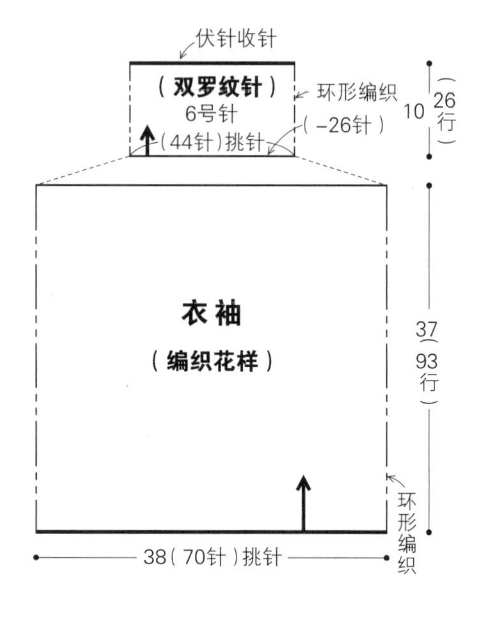
伏针收针
（双罗纹针）
6号针
（44针）挑针
环形编织
（−26针）
10（26行）
衣袖
（编织花样）
37（93行）
38（70针）挑针
环形编织

衣领（双罗纹针）7号针

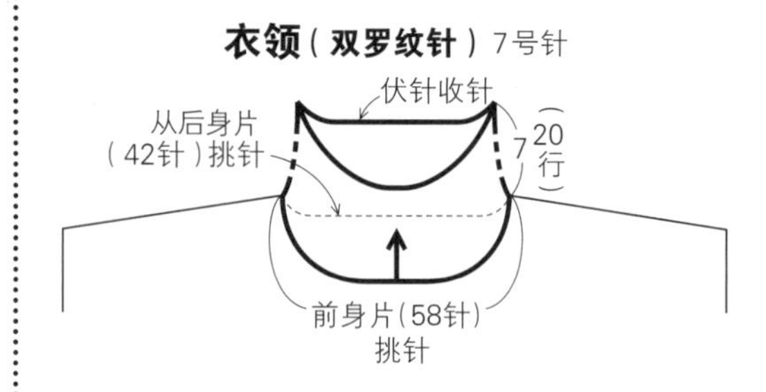
伏针收针
从后身片
（42针）挑针
7（20行）
前身片（58针）
挑针

反短针

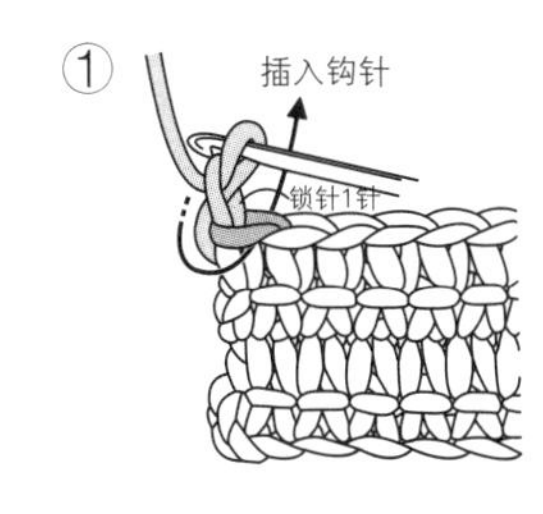
①
插入钩针
锁针1针

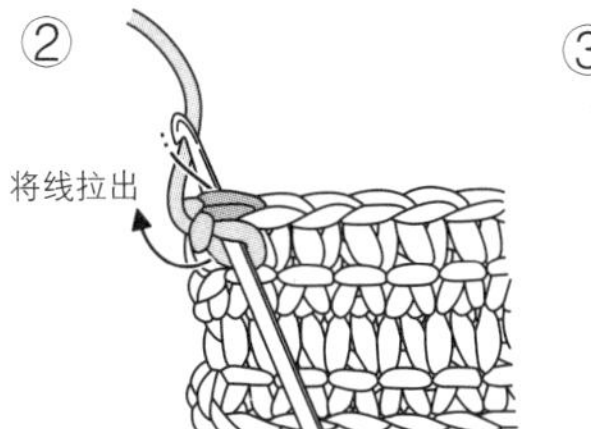
②
将线拉出

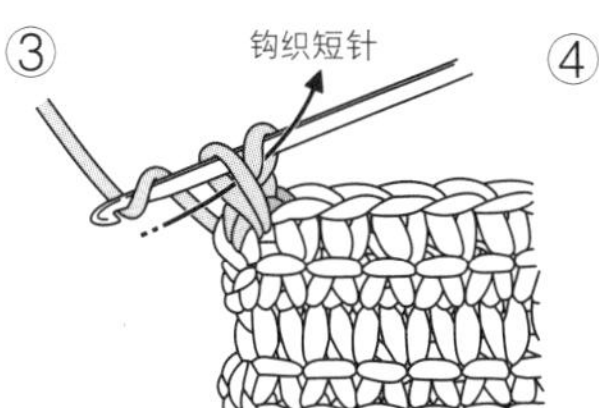
③
钩织短针

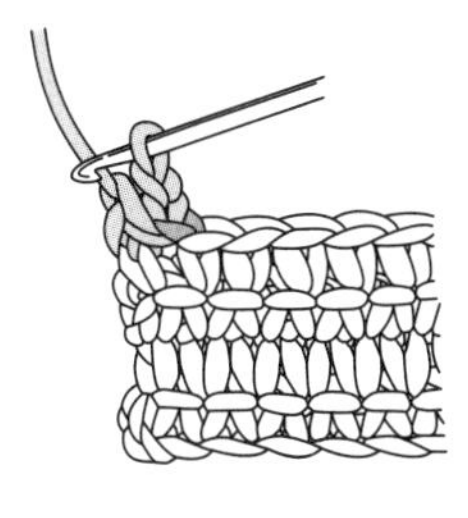
④

长针的正拉针

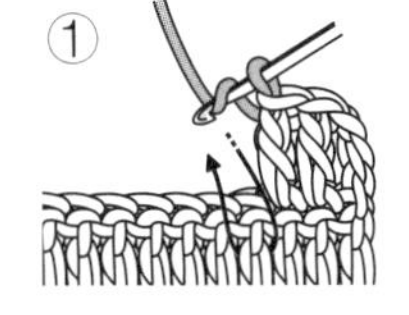
①

钩针挂线，如箭头所示，从前面将钩针插入前一行长针的根部，将线拉出。

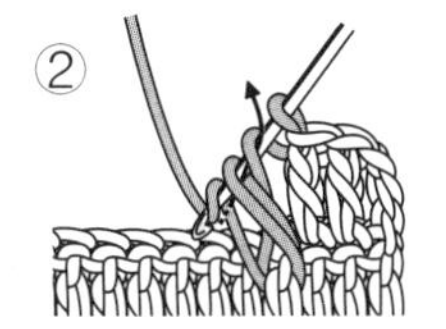
②

钩针挂线，从钩针上面的2个线圈中引拔出。

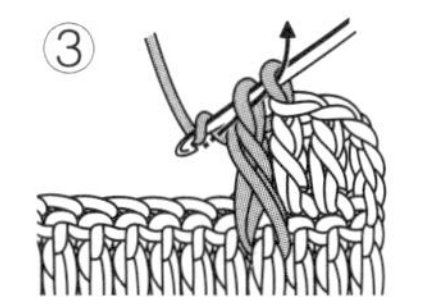
③

钩针再次挂线，从钩针上面的2个线圈中引拔出。

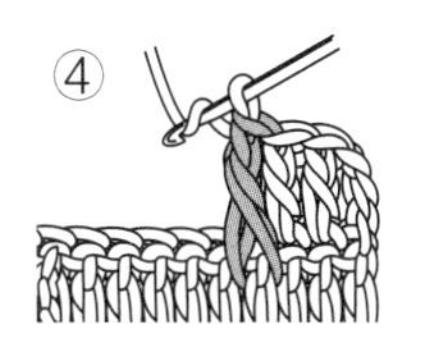
④

长针的正拉针第1针完成了。

长针的反拉针

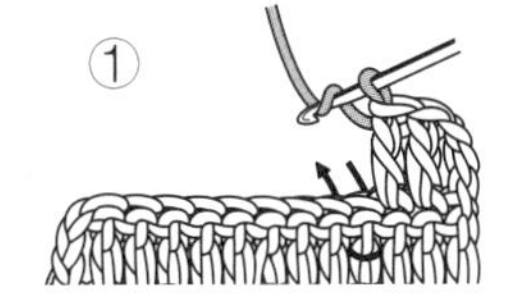
①

钩针挂线，如箭头所示，从后面将钩针插入前一行长针的根部，将线拉出。

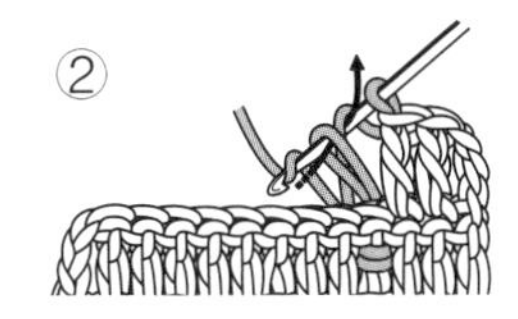
②

钩针挂线，从钩针上面的2个线圈中引拔出。

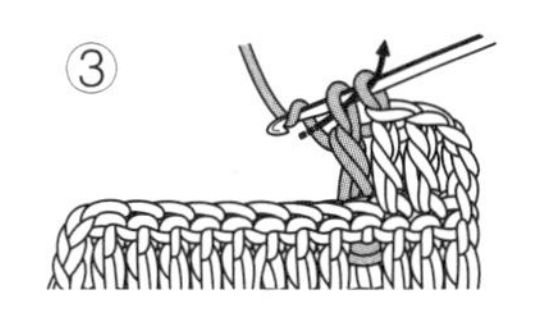
③

钩针再次挂线，从钩针上面的2个线圈中引拔出。

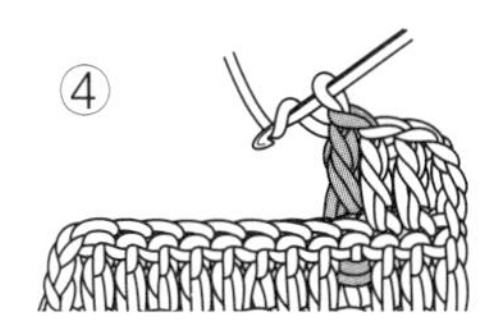
④

长针的反拉针第1针完成了。

2针长针的正拉针并1针

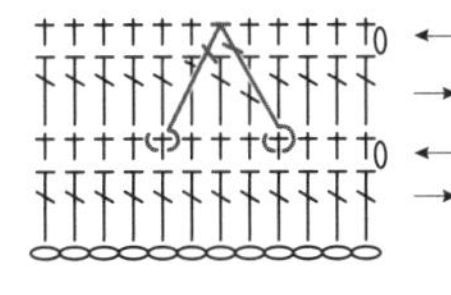

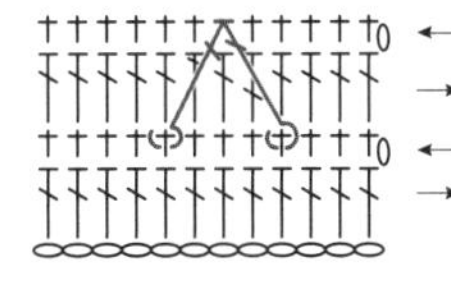

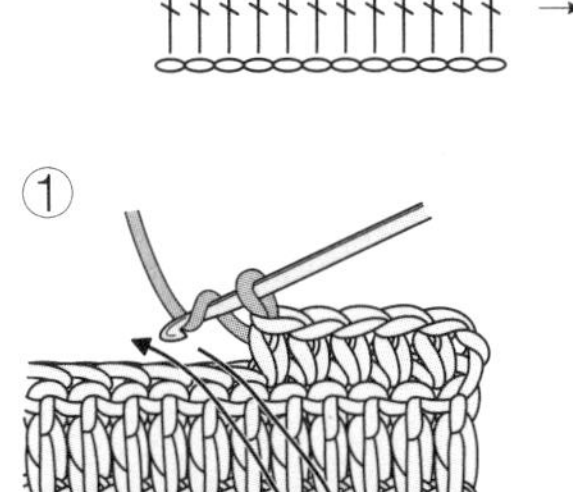
①

钩针挂线，如箭头所示，从前面将钩针插入前2行短针的根部，全部挑起来。

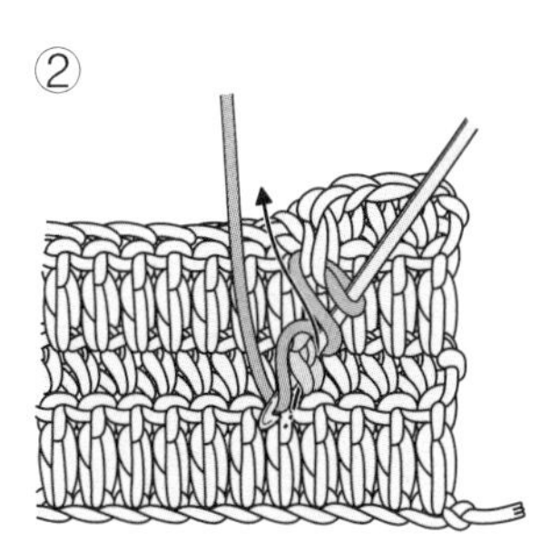
②

将线长长地拉出。

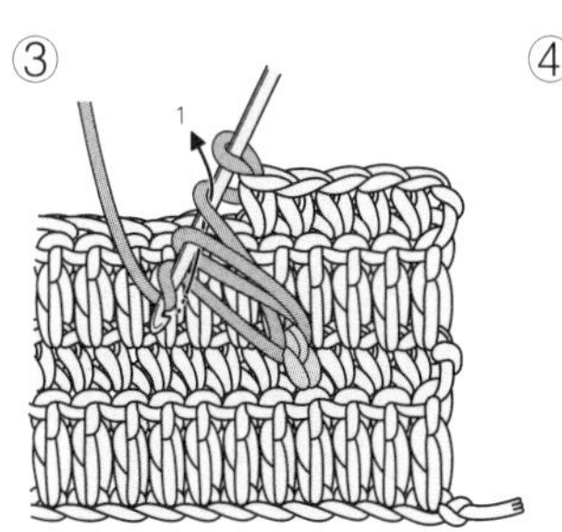
③

钩针挂线，从钩针上面的2个线圈中引拔出（未完成的长针的正拉针）。

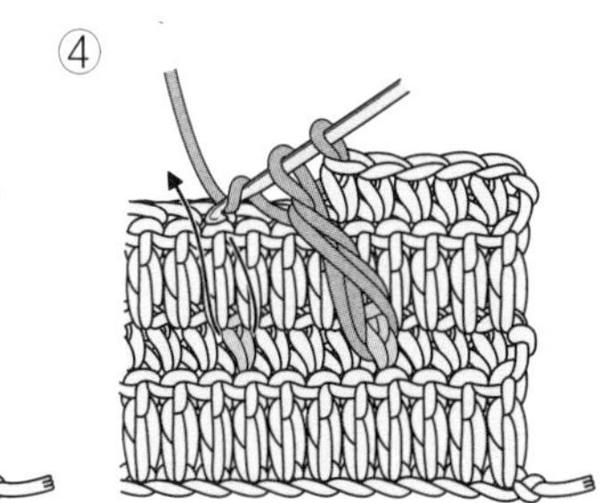
④

钩针再次挂线，跳过左边3针，按照相同要领将钩针插入第4针短针的根部。

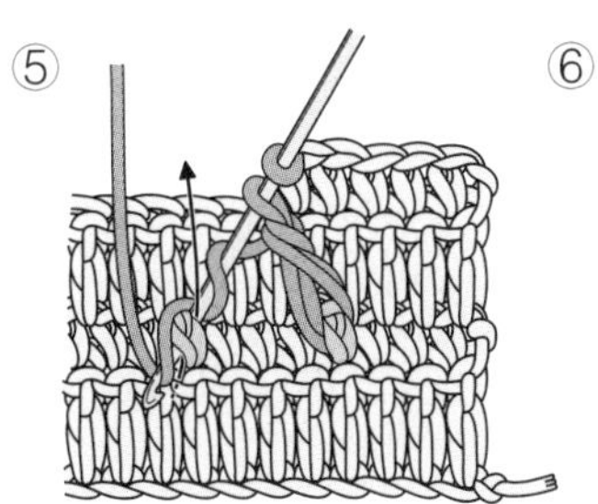
⑤

将线长长地拉出，不要交缠在一起。

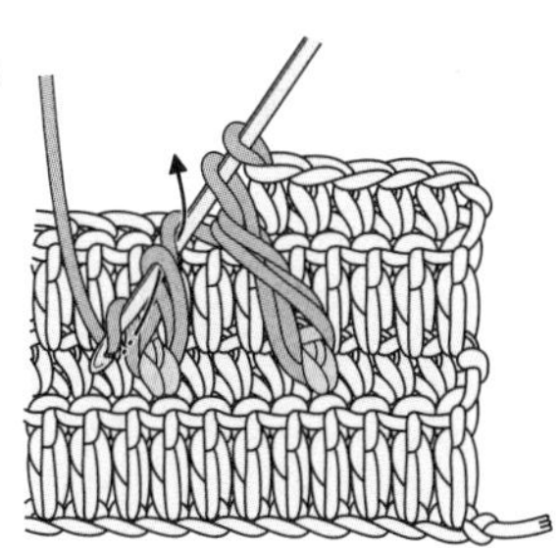
⑥

钩针挂线，从钩针上面的2个线圈中引拔出（未完成的长针的正拉针）。

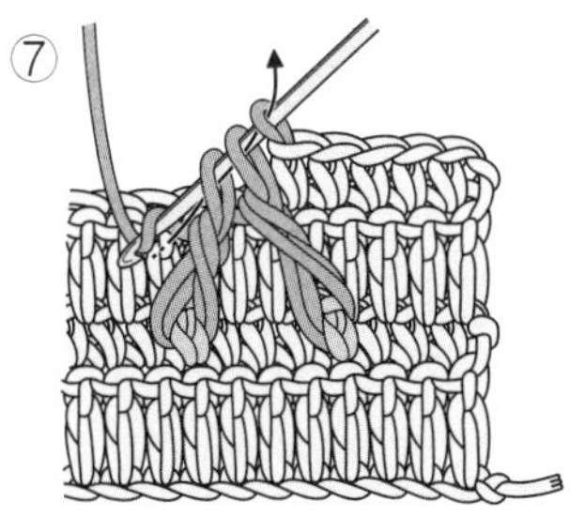
⑦

钩针再次挂线，从钩针上面的3个线圈中引拔出。

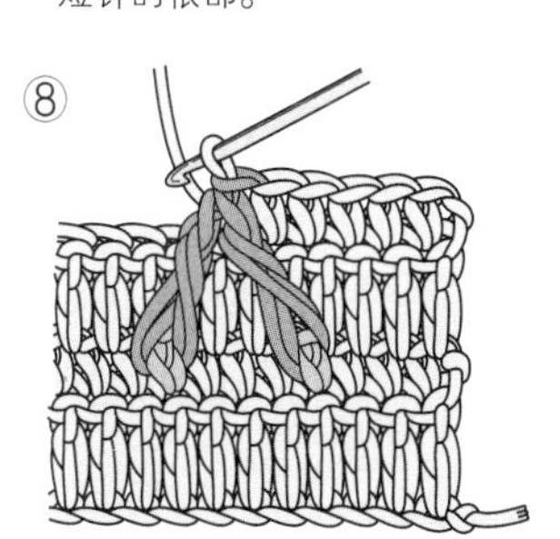
⑧

2针长针的正拉针并1针完成了。

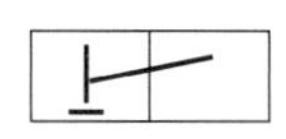

上针的
右加针

① 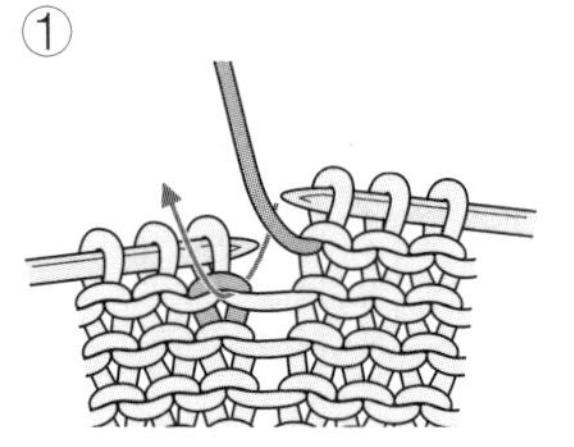

将线放在织片前面，用右棒针挑起加针的前2行的针目。

② 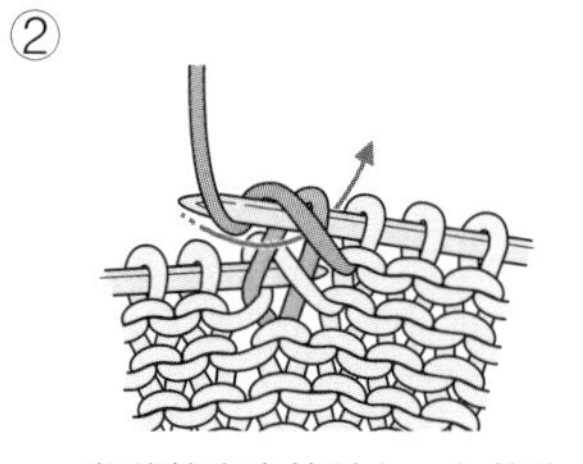

将线挂在右棒针上，如箭头所示拉出，编织上针。

③ 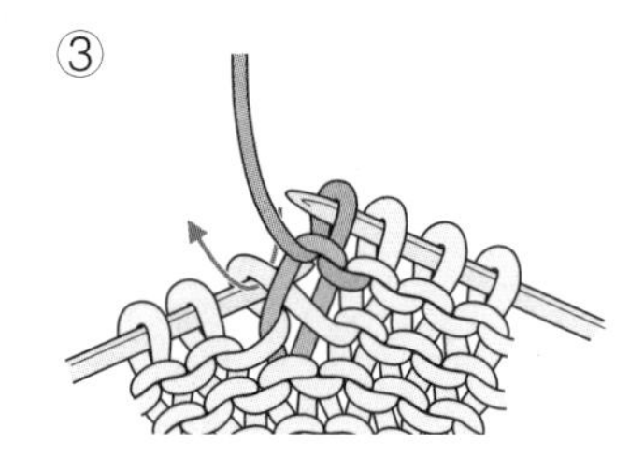

左棒针上的针目也编织上针。

④ 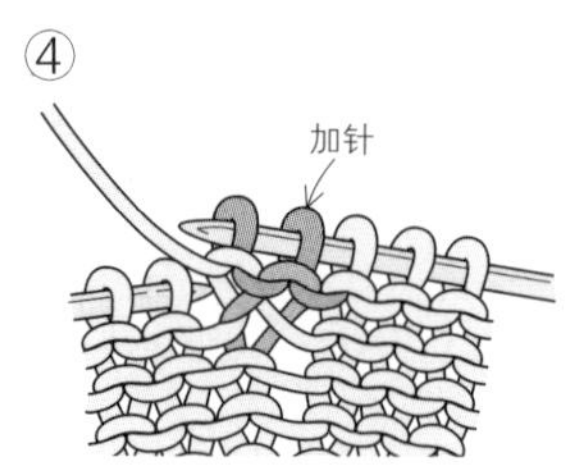
加针

上针的右加针完成。

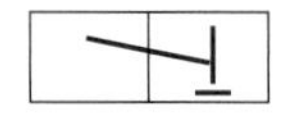

上针的
左加针

① 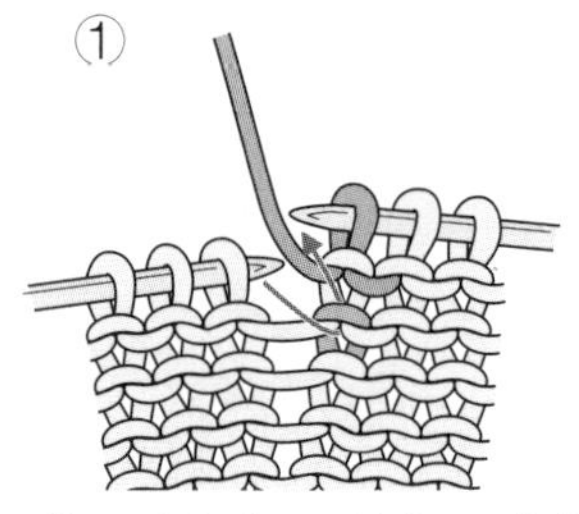

编织1针加针，如箭头所示将左棒针插入前2行的针目中，挑起。

② 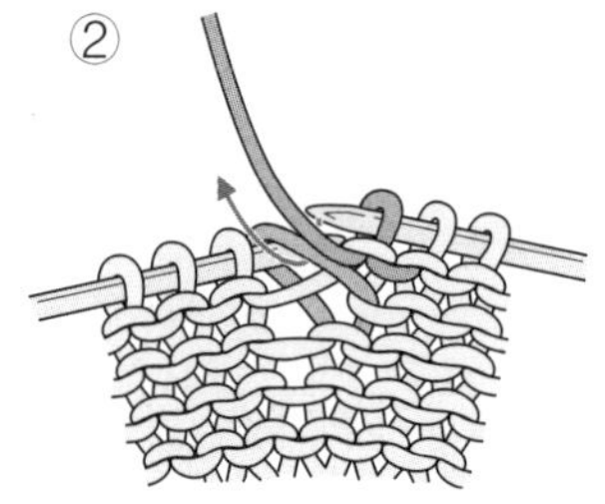

然后将右棒针插入挑起的针目。

③ 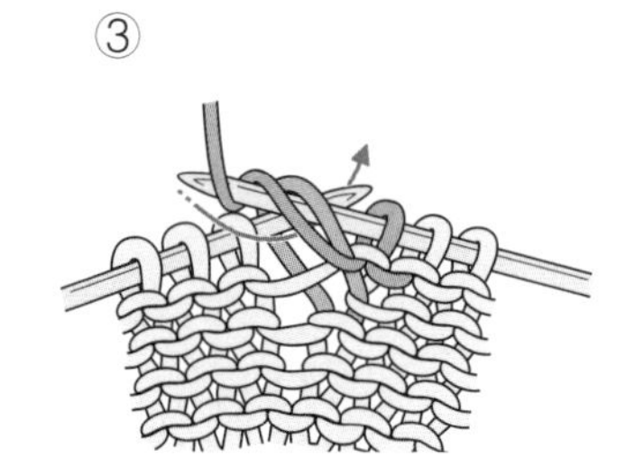

挂线并拉出，编织上针。

④ 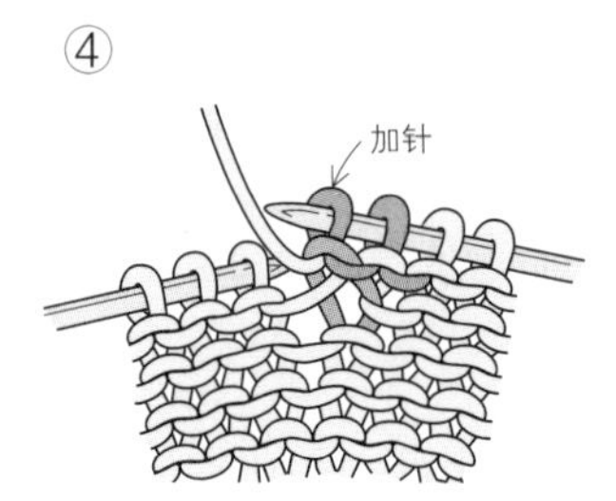
加针

上针的左加针完成。

3针长针的
枣形针

① 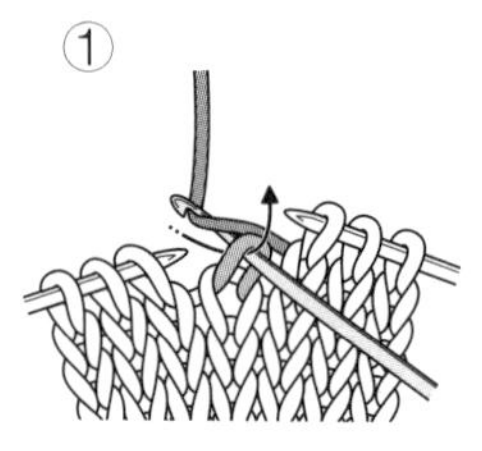

从前面插入钩针，挂线并拉出。

② 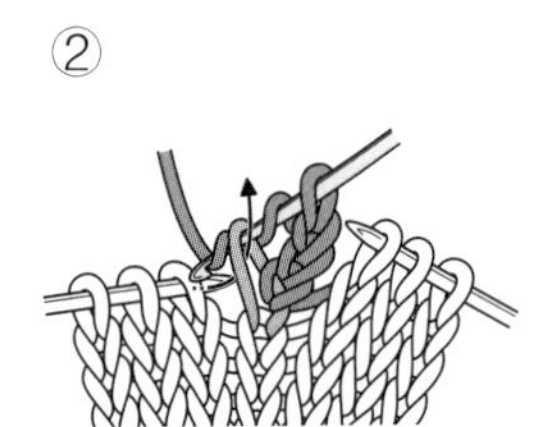

钩织3针锁针，挂线，将钩针插入线圈拉出的针目，将线松松地拉出。

③ 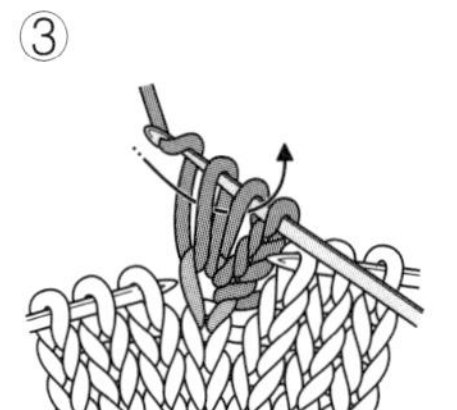

钩针挂线，从钩针上的2个线圈中拉出（未完成的长针）。

④ 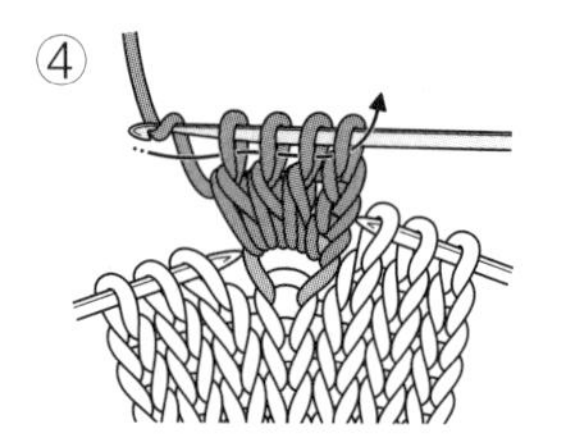

钩织3针未完成的长针后，挂线，从所有针目中引拔出。

⑤ 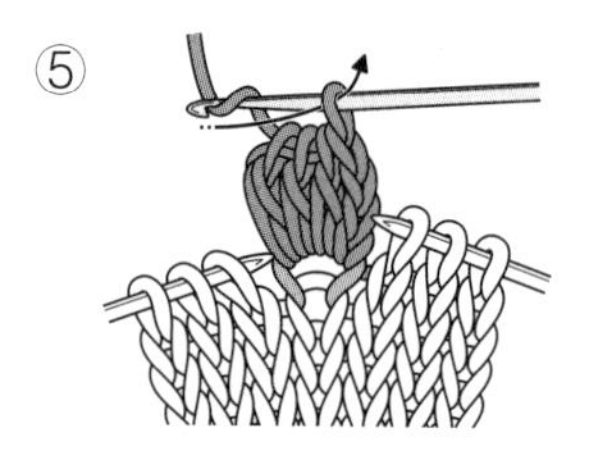

钩针再次挂线并引拔出。将针目移至右棒针上，完成。

中上3针并1针

① 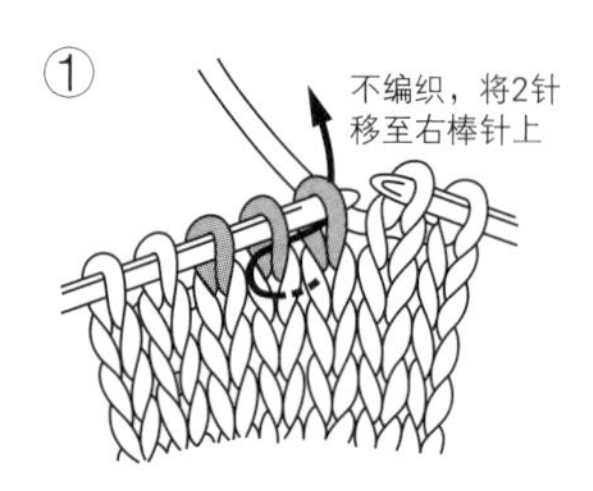
不编织，将2针
移至右棒针上

如箭头所示，将右棒针插入2个针目，不编织，直接移至右棒针上。

② 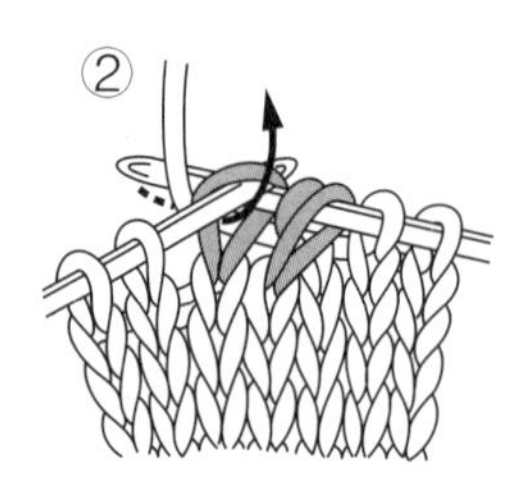

编织第3针。

③ 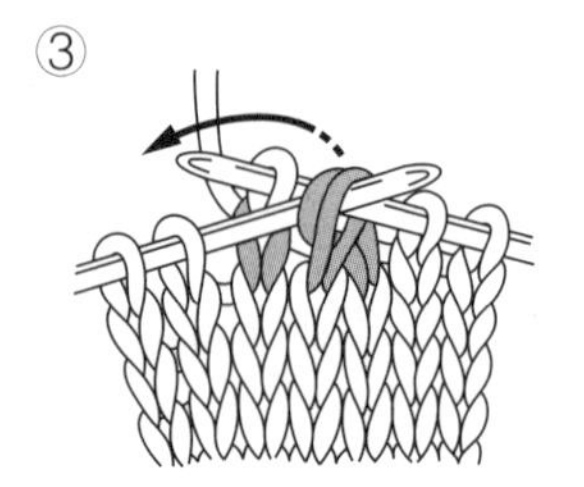

用移过来的2针盖住第3针。

④ 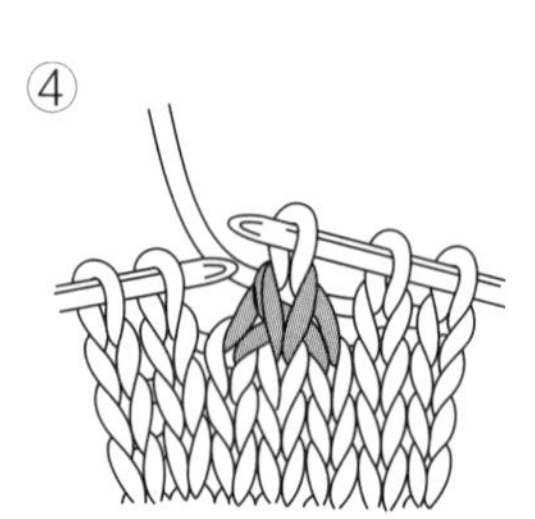

中上3针并1针完成。

穿过左针的盖针（铜钱花）（3针的情况）

①
覆盖

在前面第3针里插入右棒针，将其覆盖在右边的2针上。

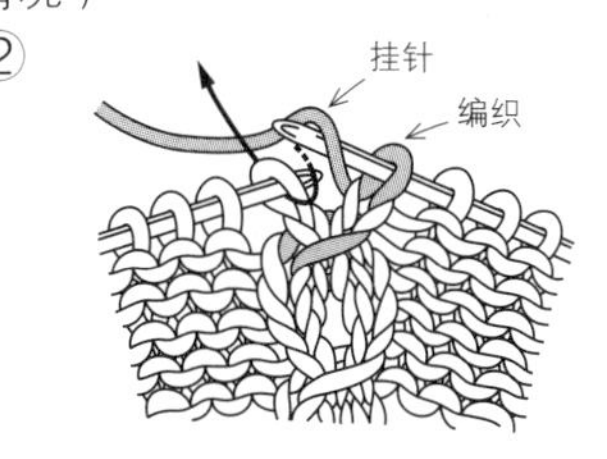

②
挂针
编织

在右边的针目里编织下针，然后挂针。

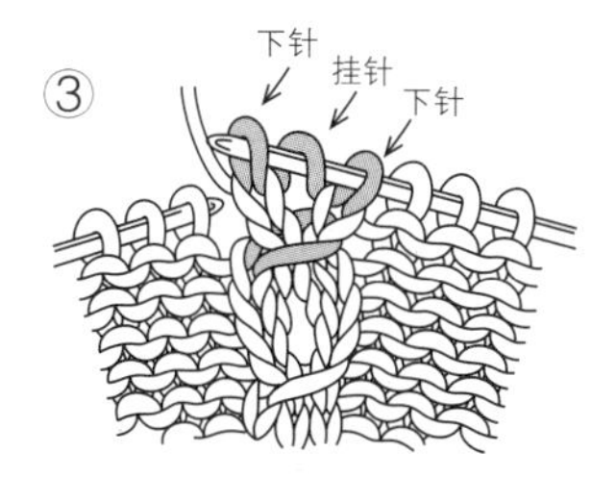

③
下针
挂针
下针

在剩下的针目里编织下针，完成。

右上2针与1针的交叉（下侧为上针）

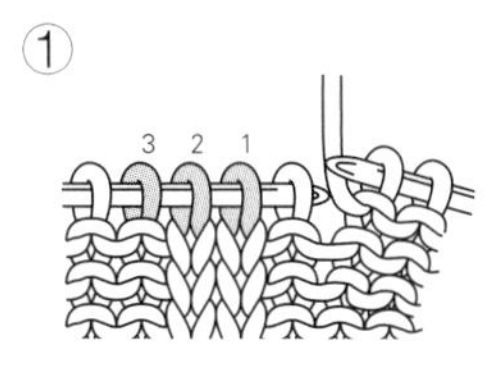

①
3 2 1

将右侧的2针移至麻花针上。

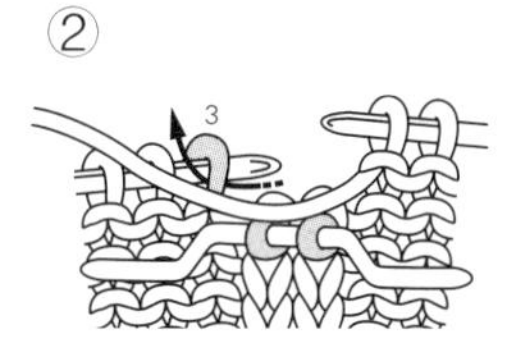

②
3

将移动的2针留在织片前备用。将右棒针插入针目3中，编织上针。

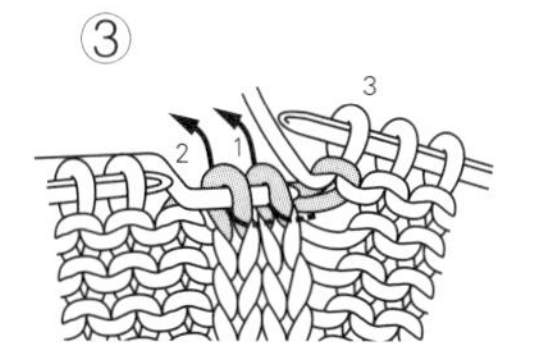

③
2 1
3

将右棒针依次插入针目1、2中，编织下针。

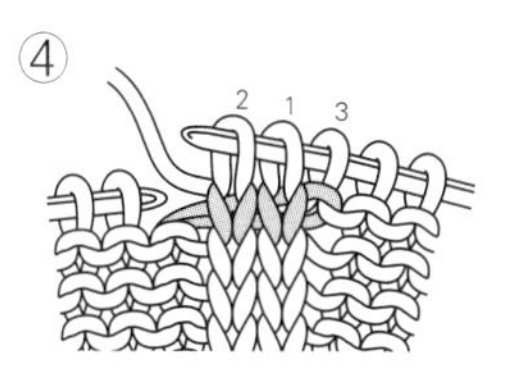

④
2 1 3

右上2针与1针的交叉（下侧为上针）完成。

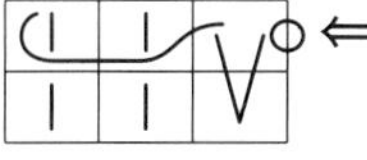

左上2针与1针的交叉（下侧为上针）

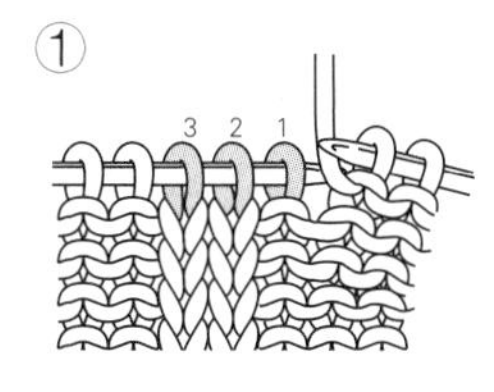

①
3 2 1

将右侧的1针移至麻花针上。

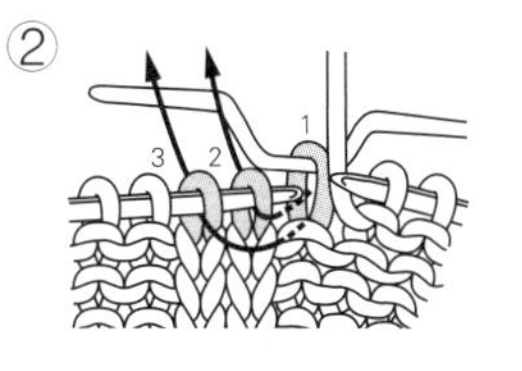

②
3 2
1

将移动的1针留在织片后备用。针目2、3分别编织下针。

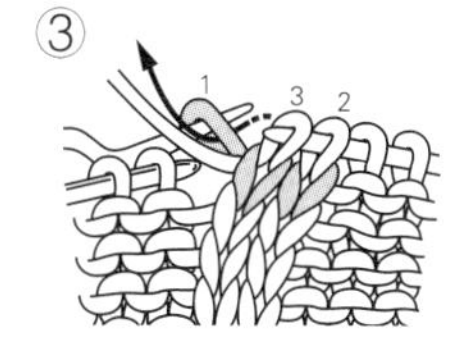

③
1
3 2

将右棒针插入针目中，编织上针。

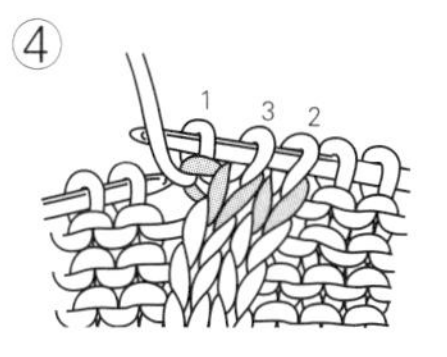

④
1 3 2

左上2针与1针的交叉（下侧为上针）完成。

穿过右滑针的盖针（3针）

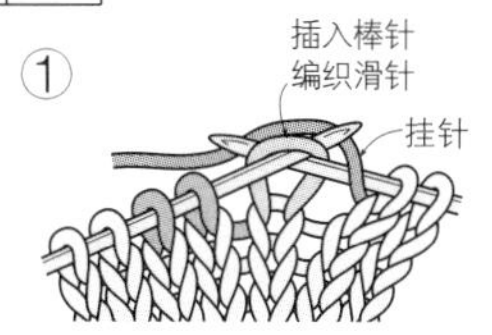

①
插入棒针
编织滑针
挂针

在右棒针上挂线，第1针不编织，直接移至右棒针上（滑针）。

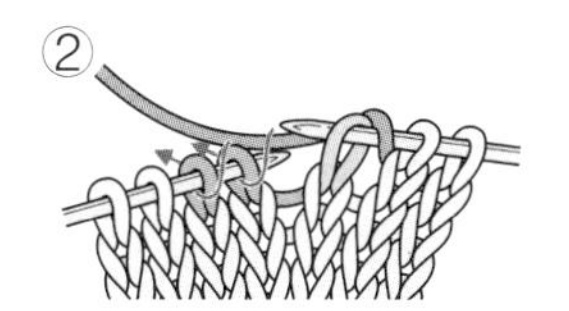

②

后面的第2针、第3针分别编织下针。

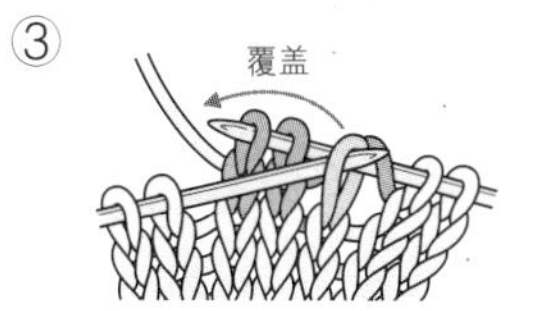

③
覆盖

将左棒针插入第1针（滑针），盖住编织的2针下针。

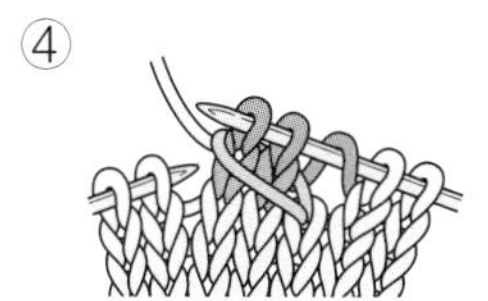

④

穿过右滑针的盖针（3针）完成。

用钩针在棒针上辅助起针

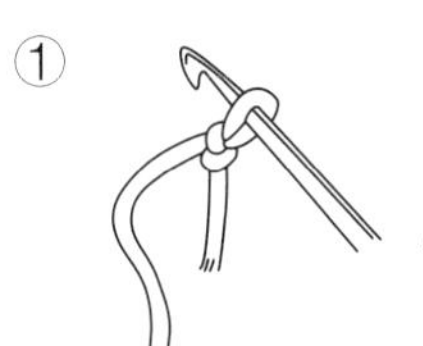

①

用钩针起1针锁针。

②

将棒针放在线上拿好，从上面钩织锁针。

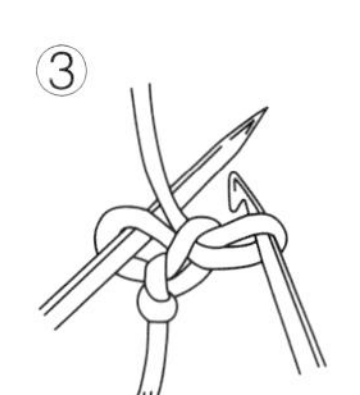

③

完成了1针。

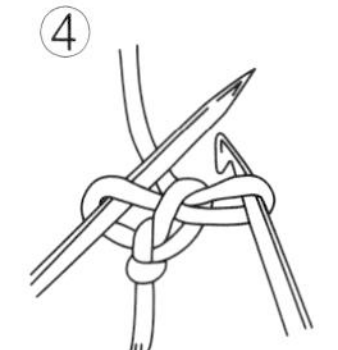

④

将线转到棒针后面。

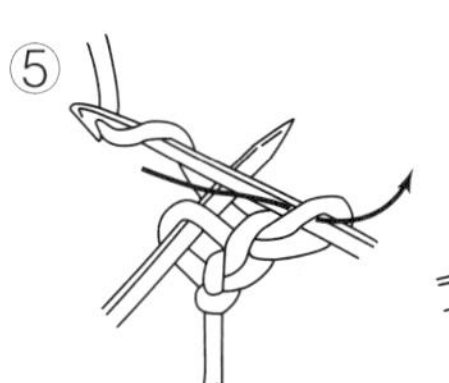

⑤

从上面挂线并拉出。第2针完成了。重复步骤④、⑤。

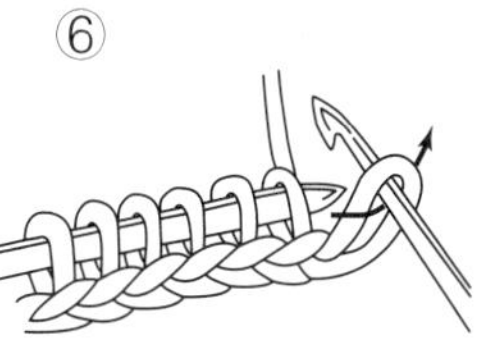

⑥

比所需要的针数少起1针，将钩针上的最后1针移到棒针上。

Photographers: Akiko Oshima
Original Japanese edition published in Japan by NIHON VOGUE Corp.
Simplified Chinese translation rights arranged with BEIJING BAOKU INTERNATIONAL CULTURAL DEVELOPMENT Co., Ltd.

备案号：豫著许可备字-2021-A-0139

图书在版编目（CIP）数据

唯美手编. 14, 配色温柔的毛衫和小物 / 日本宝库社编著；如鱼得水译. —郑州：河南科学技术出版社，2023.9
ISBN 978-7-5725-1281-0

Ⅰ. ①唯… Ⅱ. ①日… ②如… Ⅲ. ①手工编织-图集 Ⅳ. ①TS935.5-64

中国国家版本馆CIP数据核字（2023）第157730号

出版发行：河南科学技术出版社
地址：郑州市郑东新区祥盛街27号　邮编：450016
电话：（0371）65737028　65788613
网址：www.hnstp.cn
责任编辑：刘　欣　刘　瑞
责任校对：王晓红
封面设计：张　伟
责任印制：张艳芳
印　　刷：河南新达彩印有限公司
经　　销：全国新华书店
开　　本：889 mm × 1 194 mm　1/16　印张：6.5　字数：190千字
版　　次：2023年9月第1版　2023年9月第1次印刷
定　　价：49.00元

如发现印、装质量问题，影响阅读，请与出版社联系并调换。